Python一行流

像专家一样写代码

[美] Christian Mayer 著
苏丹 译

Python One-Liners:
Write Concise, Eloquent Python Like a Professional

电子工业出版社
Publishing House of Electronics Industry
北京·BEIJING

内 容 简 介

本书专注于从初学迈向进阶的 Python 编码技术：如何像专家一样写出优雅、准确、简洁高效的 Python 单行代码；阅读任意一行 Python 代码时，如何系统性地对其进行拆解和分析。全书分为 6 个章节，以单行代码切入计算机科学的各个领域，包括 Python 语言基础、编程技巧、基于 NumPy 的科学计算、机器学习的主要算法模型、正则表达式进阶、计算机科学中若干经典算法的单行实现等。

Copyright © 2020 by Christian Mayer. Title of English-language original: Python One-Liners: Write Concise, Eloquent Python Like a Professional, ISBN 978-1-7185-0050-1, published by No Starch Press. Simplified Chinese-language edition copyright © 2021 by Publishing House of Electronics Industry Co., Ltd. All rights reserved.

本书简体中文版专有出版权由 No Starch Press 授予电子工业出版社。专有出版权受法律保护。

版权贸易合同登记号　图字：01-2020-5806

图书在版编目（CIP）数据

Python 一行流：像专家一样写代码/（美）克里斯蒂安・迈耶（Christian Mayer）著；苏丹译. —北京：电子工业出版社，2021.10
书名原文：Python One-Liners: Write Concise, Eloquent Python Like a Professional
ISBN 978-7-121-41968-3

Ⅰ.①P… Ⅱ.①克… ②苏… Ⅲ.①软件工具－程序设计 Ⅳ.①TP311.561

中国版本图书馆 CIP 数据核字（2021）第 180739 号

责任编辑：张春雨
印　　刷：河北鑫兆源印刷有限公司
装　　订：河北鑫兆源印刷有限公司
出版发行：电子工业出版社
　　　　　北京市海淀区万寿路 173 信箱　邮编：100036
开　　本：787×980　1/16　印张：15.5　字数：347.2 千字
版　　次：2021 年 10 月第 1 版
印　　次：2021 年 10 月第 1 次印刷
定　　价：89.00 元

凡所购买电子工业出版社图书有缺损问题，请向购买书店调换。若书店售缺，请与本社发行部联系，联系及邮购电话：(010) 88254888，88258888。
质量投诉请发邮件至 zlts@phei.com.cn，盗版侵权举报请发邮件至 dbqq@phei.com.cn。
本书咨询联系方式：010-51260888-819，faq@phei.com.cn。

推荐序一
干一行，爱"一行"

几年创业，几经浮沉，我又回到了编码一线，重拾写代码的乐趣。幸好当年读过几本经典图书打底，如今重操旧业，尚能游刃有余。感慨中刚好春雨兄找我为《Python 一行流》作序，读来很有感触，堪比当年经典，便欣然应允。

其实我一直是"一行流"的爱好者。早在使用 Python 2.3 版本的时代，我便尝试如何用一行代码完成字符串里的字符排序，并将过程和结果记录在博客[1]上。虽然自从 Python 2.4 版本增加了 sorted() 函数后我的奇技淫巧便没了用武之地，但这种追求精确与极简的 Pythonic 哲学持续地影响着我，多年后我以改善 Python 程序为名出版了自己的第一本书。

与我的浅尝辄止不同，这本书把一行流当作了一个研究课题，所以整书极具体系。作者从 Python 语言、库和算法多个层面和角度去探寻更简明的代码写法，有助于读者建立深入挖掘语言特性的动力，最终提升读者的知识水平，写起代码如臂使指，"码"上生花。我曾在网上分享过一段利用数字图像形态学实现茶滤孔数计算的 Python 程序，需要 80 行代码，而网友 Arkbird 用一行 mathematica 代码完成了同样的

---

[1] 网址见链接列表"文前 1"条目，[python]一行搞定字符串排序。

算法[1],"我看不懂,但我大受震撼。"[2]读者们纷纷点赞。编写一行流的代码是一个"好程序员"的普遍追求,也是对语言、库和算法的掌握程度和编码能力的体现,阅读本书显然有助于此,读完本书后我编写了自己的"一行流"版本:

```
print(("holes count: ", s := __import__('skimage', fromlist=['measure', 'morphology', 'io']))[0], 
s.measure.label(s.morphology.binary_opening(s.io.imread("sample.png", as_gray=True) < 0.5, selem=s.morphology.square(3)), return_num=True)[1])
```

代码行数"浓缩"后,性能也提升了约 37 倍[3],同时自我感觉对 Python 语言、skimage 库和数字图像算法的理解更进了一步。许多初学者入门后陷入不知道能用 Python 做什么的困惑,那么不妨读一下这本书,然后尝试把之前写过的代码改为"一行流"风格,应该能大有所获。

本书译者苏丹网名 Su27,他是圈内驰名"文艺青年",前几年一直听说他在写小说,搞文学创作。作为程序员长年混迹文青基地豆瓣网,这并不奇怪,奇怪的是他突然翻译了这本书。不过 Su27 毕竟是在 Python 的"黄埔军校"豆瓣团队中成长起来的,这对本书的品质提供了保障。这本书也印证了我的所想,整本书清晰明了,极有美感,加上作者精心编排的知识体系,读来如上云梯,愉悦中知识就得到了提升,是以为序。

赖勇浩

广州齐昌网络科技有限公司创始人兼总经理

《编写高质量代码:改善 Python 程序的 91 个建议》作者

---

1 网址见链接列表"文前 2"条目,你都用 Python 来做什么?—laiyonghao 的回答—知乎。
2 导演李安在纪录片《打扰伯格曼》(2013)里评价一部影视作品的话,后来成为网络流行语。
3 测试环境:MacBook Pro(15-inch, 2016) 16GB 内存,macOS 11.3.1、Python 3.9.5、scikit-image 0.18.3;使用 time 命令测时 3 次取平均值,80 行版本耗时约 72.2 秒,1 行版本耗时约 1.9 秒,提速约 37 倍。

推荐序二

Su27 般大义凛然

（Su27 当然比 Mig29 大气）
一直以为 Su27 在写科幻小说，
突然邀请来为新书写序，
只能感叹：
不会写科幻小说的程序员一定不是好翻译！

一看内容，更感叹，探讨领域竟然如此"宅"：

专注揭露
如何在 Python 中
编写能浓缩在单行的
神级 Pythonic 代码

讲真，Guido 老爹当年将 lambda 引入 Python 时，就劝过：

函式编程虽好,可别贪杯；

为此专门重新设计语法，
将 Python 构造为唯一基于排版来划分语法层次的通用脚本语言；

要知道，其他通用语言都通过标识符
（比如：{} begin end）来划分代码块，
本质上无论软件由多少行构成，
都可以写在一行里，
而编译器照样可以完美解析；
（实际上，很多混淆器就是这么干的）

这样一来，
在 Python 中无论初中高级，
大家写出来的代码，
都会很相似，
很直白，
结构很清晰……

但是，
脑力过剩的程序员当然要为智商寻求宣泄口，
果断发现 Python 内置的炫酷可能性：
通过列表推导式，
就可以轻易绕过缩进规约，
将几个想法集中进一行，
配合 lambda 就可以将更多行为集成到一行中；
立即，
代码看起来就不那么泯然众人矣——第一眼根本看不明白要干什么……

确实，这些可能性，
毕竟是老爹精心掩埋的珍宝，
以往也只有零星文章介绍几个案例，
这次是一整本书，可谓大大过瘾；

翻译没毛病，老程序员了；

版式也够 Geek，

清晰区分了内容/代码/注释/点评；

（可惜，译者太自谦，

没好意思大力插入丰富边注，

将自己经验也配套给出，

下个版次，值得追加）

内容上，结构清晰；

从语法，到模块，

到第三方模块，

并第一时间构建了自己的 **元述式**：

```
0: 问题阐述
1: 常规处理
2: 一行流代码
3: 如何工作的？解析
```

这样一个个案例，

就像一张张精致的卡片，

有序拼贴起来，形成 **一行流** 小世界，

同时，

每个案例，

又都是能独立使用的，

随时可以拎出来用在具体工程中；

这应该是流式图书构建法。

只可惜，没见到 **海象表达式**:= 相关案例，

这种新语法在 Python 3.8 中正式引入，

支持直接在列表推导式中进行复杂的判定，

结合迭代工具，简直可以在 ["列表"] 中构造整个世界。

真心建议，在修订版中，Su27 亲自补一章，将 := 结合到实用场景中，作为中国版一行流大补丁，反馈回作者心上。

大妈/ZoomQuiet

CPyUG 联合创始人，蟒营创始人

推荐序三

看到 Su27 老师翻译的这本书,我不禁哑然失笑,十几年前我还在中国 Python 用户组的邮件列表里活跃的时候,经常花大量精力和同好们讨论怎么把一段程序写成一行流,一定要找出既简洁又高效的方法来才肯罢休,乐此不疲。从这个游戏出发,逐步形成了如何写出更加 Pythonic 的代码来的认知,而这个美学层面的认知升级,让我至今受益不止。编码是快乐的,希望有更多人能从这种"寻找极致"的过程中,体会到代码之美。

洪强宁

雅识科技联合创始人兼 CTO

推荐序四

谈起 Python，从 2000 年到 2021 年，它陪伴了我 20 多年。其他语言大多是生命中的过客，或者因为某些需求临时起意而去学习使用，唯独 Python，从始至终用到了现在。即便用了这么久，都不敢轻言对于 Python 已经彻底了解，尤其谈起一行流，更是各种编程语言论坛里最爱比拼的项目之一。所谓一行流，就是把一个功能用一行代码去实现。Python 的一行流既保证了代码的简洁，又不会牺牲很大的可读性。但一个看似如此简单的事情，如果不彻底掌握这门编程语言，是很难做到的。如此有趣的主题，这么多年来，却很少看到有关这个主题的图书。这次有幸读到这本书，也从中学到了很多，尤其是机器学习和算法两个章节，读过之后感觉醍醐灌顶，马上就可以把所学应用到日常工作中去了。同时，本书的译者 Su27 老师本身也是资深的 Python 开发者，在翻译的准确度和流畅度方面，也远超同类图书。最后，很荣幸为此书写序，预祝此书大卖，能够帮助到更多的 Python 学习者与开发者。

清风

前豆瓣技术总监，开 PA 创始人

推荐序五

《Python 一行流》是一本适合 Python 程序员进阶的书，能帮助读者更好地领悟 Python 编程的思维方式。本书从解决实际问题出发，通过一行流的形式，简洁清晰地解决问题，很多例子都从非常新颖的角度给出了解析。更为难得的是，作者并非一味地追求一行流，在多行代码能够带来更好阅读性的时候，作者也欣然推荐好的方法，并指出此处一行流的不足。苏老师翻译得很是流畅准确，阅读起来非常舒服，无论是 Python 中阶程序员还是高阶程序员，相信阅读此书后都能有所收获。

彭宇

豆瓣平台架构负责人

译 者 序

大约 14 年前，我是个前端程序员，虽然没学过 Python，但小伙伴们写的 Python 代码十分好读，我看着就有种无师自通的幻觉，有时候自己也写一些。虽然能跑通，但老觉得不对劲，生涩、重复、结巴，好像刚学了两天英语就非要跑去跟老外聊天一样。有个后端工程师叫 PY（巧了不是？），我有时就把自己写的发给他，让他帮我改，我想要"像 Python 一些"，果然他一改就流畅了很多，变得又短又好读了。那时候我也帮后端改 JavaScript，但现在想来当时水平十分一般，真是惭愧。

后来我经常想，到底是什么让代码看起来"更 Python"了。是一些 Python 独有的关键字和语法吗？是函数式编程吗？是强大的动态特性吗？是黑魔法元编程吗？也许是，又不是。写了多年后端，我仍然不认为自己掌握了其中的秘诀，但我知道窍门一定隐藏在一行行朴实、优雅又节制的 Python 语句之中。

最近看了不少年轻朋友的简历和笔试答卷，很多人简历上写了"熟悉 Python"，甚至做过 Python 项目，用 Python 写了网站或者应用程序之类。但打开笔试中实际的 Python 代码，有时候只需要两三行，就能看清底细。也许程序能跑通，甚至答案也对，但就是知道他们跟 Python 一点都不熟；他们知道 Python 的语法，但又不知道 Python 怎么写；该简洁的地方冗长，该清晰的地方意义不明，充满了多余的循环和分支，毫无技巧可言，不会用正则表达式，更不要提不规范的空格和换行。读这样的程序让人焦虑烦躁，到处都在浪费空间、性能和阅读者的时间，到处都在催促我赶紧把页面关掉。看多了这样的程序，会让我觉得 Python 很没意思。

我想，或许他们实力不弱，但如果把这样的代码贡献到开源社区，恐怕每一行都会经受一番严厉的拷问。也许他们的确花了不少时间在学习和练习使用 Python，但可惜没有接触过真实世界的合作开发，没有经受过复杂项目的代码审核，没有一个人或者一本书确切地告诉他们，如何把简简单单的一行 Python 代码写好。不仅仅是写到能通过编译，而是写好，这是业余选手和职业玩家的区别。

第一次看到书名中"一行流"这个词时，我心中浮现的是 JavaScript 的单行程序打包器，或者 C 语言混乱代码大赛这样的东西，很多语言都有在一行代码中玩出各种花样的奇技淫巧。但我又注意到，这是一本 Python 的书。常识告诉我，没有任何一本讲 Python 的书敢违反至高无上的《Python 之禅》（尤其是 "Readability counts"）。果然，这本书讲的正是我觉得十分重要，但一直少有专著的主题：如何写出真正 Pythonic 的单行程序。在这一主题下，作者从基础出发，一步步增加挑战。在我看来，他把这个问题在本书中分为几个层次，按照挑战难度及章节的前后顺序教你：

1. 如何把你的每一行程序写得简洁漂亮、Pythonic。

2. 如何仅用一行程序，巧妙地解决实际问题，但又不会过分聪明以至于影响可读性，并且满足第一条。

3. 使用 Python 可以涉足计算机科学的哪些领域？全都用一行程序搞定，同时还得满足前两条。

《Python 之禅》有云，达成某个任务的最佳编码方式，有且仅有一种。这导致在 Python 范畴内讨论单行程序的威力，是需要极度谨慎的，因为即便再精妙和强大的单行程序，如果它不是"那一种"方式，就没有人会在实践中使用，也就只是个玩具，而没有实用的价值。作者在选择例子的时候十分小心，即使再复杂的例子，理解之后也会觉得，确实是最好的选择。同时也会为之惊叹，短短一行，竟有如此强大的能力，就算是在机器学习、科学计算这种专业程度很高的领域也能游刃有余。

希望手头的这本小书，能为 Python 玩家"打怪升级"提供一件称心的装备，做一盏指路明灯，驱散迷雾，打开地图视野，明确职业生涯前进的路线。

关于作者

克里斯蒂安·迈耶（Christian Mayer）是一位计算机科学博士，也是知名 Python 网站 finxter（网址见链接列表"文前 3"条目）创始人和维护者。该网站非常活跃，内容订阅人数已经超过 2 万且仍在持续增长。他的网站不仅发展迅速，也帮助数以万计的学习者提升了编码技能和优化在线业务。克里斯蒂安同时也是《Python 咖啡时间》（*Coffee Break Python*）系列自出版图书的作者。

关于技术审查员

丹尼尔·辛加罗（Daniel Zingaro）博士是多伦多大学计算机科学的助理教授和获奖教师。他主要的研究领域为计算机科学教育，研究学生是如何学习（或者不学习）计算机科学知识的。他是《算法思维》（*Algorithmic Thinking*，由 No Starch Press 出版）一书的作者。

关于译者

苏丹，网上 id 一般为 su27，2009 年毕业于北京师范大学数学系，主要从事后端编程工作，也曾从事前端与客户端开发工作。目前为豆瓣用户产品后端负责人，日常跟 Python 打交道较多。2016 年翻译出版《深入理解 Flask》一书。

致　　谢

这个世界不需要更多的书，只需要更好的书。非常感谢 No Starch Press，他们的一切工作都是在努力实现这一理念。本书正是他们的宝贵建议、建设性反馈和数百小时辛勤工作的结果。我对 No Starch 团队表示深深的感谢，他们让本书的写作成为如此有趣的体验。

尤其要感谢比尔·波洛克（Bill Pollock）邀请我写作此书，为我提供灵感，以及对出版的深刻洞见。

非常感谢优秀的内容编辑丽兹·查德威克（Liz Chadwick），她娴熟、耐心而令人信服地把我的草稿转变成了可读性高得多的书稿，正是她出色的支持，才让本书达到了我刚开始这个项目时完全无法想象的清晰程度。

我希望向亚历克斯·弗里德（Alex Freed）表达谢意，感谢她对提高文本质量的不懈关注。能与这样才华横溢的编辑一起工作是我的荣幸。

我要感谢制作编辑珍妮尔·卢多维斯（Janelle Ludowise），她怀着对每一个细节的极大热爱，对本书进行了精细的打磨。珍妮尔以一种积极而热情的方式将她的技能投入工作，而得以塑造出本书的最终版本。感谢你，珍妮尔。同时也十分感谢卡西·安德里斯（Kassie Andreadis），她精力充沛地推动了本书的完成。

我要特别感谢丹尼尔·辛加罗教授，他毫不吝啬地投入了大量时间和精力，以及出色的计算机科学技能，以消除书中的不准确之处。他还提出了很多精彩的建议，令本书更加清晰。如果没有他的努力，书中不但会有更多 bug，也会难读得多。所以如果还有任何不清晰的地方，都是我本人的原因。

我的博士生导师罗瑟梅尔（Rothermel）教授，为我的计算机科学教育工作投入了大量时间、技能和精力，也为本书做出了间接性的贡献。我应向他表示最深的感谢与赞美。

永远感谢我美丽的妻子，安娜·阿尔蒂米拉（Anna Altimira），对我最疯狂的想法，她都一直在倾听、鼓励和支持。我也要感谢我的孩子们，阿马利（Amalie）和加百列（Gabriel），感谢他们以好奇心激发我的灵感，以及通过千万次的笑容为我的生活带来欢乐。

最后，我最大的动力来源于 Finxter 社区的活跃成员。本书就是为你们写的，为你们这些雄心勃勃、希望提升编码技能和解决现实世界问题的编码者写的。正是来自 Finxter 成员的这些值得感谢的邮件，激励我写出了书中更多的章节。

目 录

导语 1

Python 一行流的例子 2
关于可读性的说明 3
这本书是给谁看的？ 4
你会学到什么？ 5
线上资源 6

1　Python 温故知新 7

基本数据结构 8
　　数值数据类型和结构 8
　　布尔值 8
　　字符串 11
　　关键字 None 12
容器数据类型 13
　　列表 13
　　堆栈 16
　　集合 17
　　字典 19
　　成员 20

	列表和字典解析	20

控制流 21

    if、else 和 elif 21

    循环 22

函数 24

lambda 函数 24

总结 25

2　Python 技巧 27

使用列表解析找出最高收入者 28

    基础背景 28

    代码 30

    它是如何工作的 31

使用列表解析找出高信息价值的单词 31

    基础背景 31

    代码 32

    它是怎么工作的 32

读取文件 33

    基础背景 33

    代码 34

    它是怎么工作的 34

使用 lambda 和 map 函数 35

    基础背景 35

    代码 36

    它是如何工作的 37

使用切片查找匹配子串及所处环境 38

    基础背景 38

    代码 40

    它是如何工作的 41

列表解析和切片	41
基础背景	42
代码	42
它是如何工作的	43
使用切片赋值来修复损坏的列表	43
基础背景	43
代码	44
它是如何工作的	45
使用列表连接分析心脏健康数据	46
基础背景	46
代码	48
它是如何工作的	48
使用生成器表达式查出未达最低工资标准的公司	48
基础背景	49
代码	49
它是如何工作的	50
使用 zip() 函数格式化数据库	51
基础背景	51
代码	52
它是如何工作的	53
总结	54

3 数据科学 ... 55

基础二维数组计算	56
基础背景	56
代码	59
它是如何工作的	60
使用 NumPy 数组：切片、广播和数组类型	61
基础背景	61

广播 64
代码 67
它是如何工作的 68
使用条件数组查询、过滤和广播检测异常值 70
基础背景 70
代码 71
它是如何工作的 72
使用布尔索引过滤二维数组 74
基础背景 74
代码 75
它是如何工作的 76
使用广播、切片赋值和重塑清洗固定步长的数组元素 77
基础背景 77
代码 80
它是如何工作的 81
NumPy 中何时使用 sort()函数，何时使用 argsort()函数 82
基础背景 82
代码 85
它是如何工作的 85
如何使用 lambda 函数和布尔索引来过滤数组 87
基础背景 87
代码 87
它是如何工作的 88
如何使用统计、数学和逻辑来创建高级数组过滤器 89
基础背景 89
代码 93
它是如何工作的 94
简单的关联分析：买了 X 的人也买了 Y 94
基础背景 94
代码 95

  它是如何工作的 96
 使用中间关联分析寻找最佳捆绑策略 98
  基础背景 98
  代码 98
  它是怎么工作的 99
 总结 100

4 机器学习 102

 监督式机器学习的基础知识 102
  训练阶段 103
  推理阶段 104
 线性回归 104
  基础背景 104
  代码 107
  它是如何工作的 108
 逻辑回归的一行流 110
  基础背景 110
  Sigmoid 函数 111
  代码 114
  它是如何工作的 114
 K-Means 聚类算法一行流 116
  基础背景 116
  代码 119
  它是如何工作的 120
 K-近邻算法一行流 122
  基础背景 122
  代码 124
  它是如何工作的 125
 神经网络分析一行流 127

    基础背景 127

    代码 132

    它是如何工作的 133

  决策树学习一行流 136

    基础背景 136

    代码 137

    它是如何工作的 138

  一行流计算方差最小的数据行 139

    基础背景 139

    代码 140

    它是如何工作的 141

  基本统计一行流 142

    基础背景 143

    代码 144

    它是如何工作的 145

  支持向量机分类一行流 146

    基础背景 147

    代码 148

    它是如何工作的 149

  随机森林分类一行流 150

    基础背景 150

    代码 152

    它是如何工作的 152

  总结 154

5 正则表达式 155

  在字符串中找到基本文本模式 155

    基础背景 156

    代码 159

它是如何工作的 159
用正则表达式编写你的第一个网络爬虫 160
　　基础背景 160
　　代码 162
　　它是如何工作的 162
分析 HTML 文档中的超链接 163
　　基础背景 163
　　代码 165
　　它是如何工作的 166
从字符串中提取美元金额 167
　　基础背景 168
　　代码 169
　　它是如何工作的 169
找出不安全的 HTTP URL 170
　　基础背景 170
　　代码 171
　　它是如何工作的 171
验证用户输入的时间格式（第一部分） 172
　　基础背景 172
　　代码 173
　　它是如何工作的 174
验证用户输入的时间格式（第二部分） 174
　　基础背景 175
　　代码 175
　　它是如何工作的 176
字符串中的重复检测 176
　　基础背景 176
　　代码 177
　　它是如何工作的 178
检测重复单词 179

目录　**XXIII**

    基础背景 179
    代码 179
    它是如何工作的 180
  用正则模式在多行字符串中进行修改 181
    基础背景 181
    代码 181
    它是如何工作的 182
  总结 183

6 算法 184

  用 lambda 函数及排序找出异形词 185
    基础背景 185
    代码 186
    它是如何工作的 187
  用 lambda 函数和负索引切片找出回文 188
    基础背景 188
    代码 189
    它是如何工作的 189
  用递归阶乘函数计算排列数 189
    基础背景 190
    代码 192
    它是如何工作的 192
  找到 Levenshtein 距离 194
    基础背景 194
    代码 195
    它是如何工作的 195
  通过函数式编程计算幂集 198
    基础背景 198
    代码 200

它是如何工作的	200
用高级索引和列表解析来实现恺撒密码的加密	**201**
基础背景	201
代码	202
它是如何工作的	203
用 Eratosthenes 筛法找出素数	**204**
基础背景	204
代码	205
它是如何工作的	206
用 reduce()函数计算 Fibonacci 数列	**211**
基础背景	211
代码	211
它是如何工作的	212
一种递归的二分查找算法	**214**
基础背景	214
代码	216
它是如何工作的	216
递归快速排序算法	**217**
基础背景	218
代码	219
它是如何工作的	219
总结	**220**
后记	**221**

读者服务

微信扫码回复：41968

- 加入"Python"开发交流群，与更多同道中人互动
- 获取【百场业界大咖直播合集】（持续更新），仅需 1 元

导　　语

通过本书，我希望帮助你成为一位 Python 专家。为了达到这个目的，我们将专注于单行 Python 技术：把简洁、有用的程序打包在一行程序里。聚焦于单行技术将帮助你阅读和编写更快、更简洁的代码，并使得你对语言的理解更加深刻。

我认为，Python 一行流能够帮助你提高编码技能，值得去学习，其原因还有下面五个。

首先，通过提升你对 Python 核心技术的认知，可以克服许多一直在拖你后腿的编程弱点。没有对基础知识的深入理解，很难取得进步。单行代码是所有程序的基础构件，彻底理解这些基本构件之后，你才有能力驾驭高阶的复杂程序，而不会感到不知所措。

其次，你会学到如何利用当今正疯狂流行的热门 Python 库，比如数据科学和机器学习用到的那些库。本书由五个介绍单行技术的章节组成，每个都涉及 Python 的不同领域，从正则表达式到机器学习。这种方式会让你对你可以构建的 Python 应用有一个概览，同时也会教你如何使用这些强大的库。

第三，你会学到怎样写出更加"Pythonic"的代码。Python 初学者，尤其是从其他编程语言过来的人，经常会用不 Pythonic 的方式去编写代码。我们会涵盖 Python

特有的一些概念，诸如列表解析、多重赋值、切片等，所有这些都会帮你写出可读性高、便于跟相同领域的程序员共享的代码。

第四，学习 Python 单行技术，会迫使你用简洁、清晰的方式去思考。若你不得不把每个代码字符都利用到极致，就没有空间去容纳那些稀稀拉拉、不明重点的代码了。

第五，你的单行代码新技能使你能够看穿那些设计过于复杂的 Python 代码库，并让你的朋友和面试官留下深刻印象。你可能会发现，用一行代码解决具有挑战性的编程问题，既好玩，效果又令人满意。而且你不是一个人：一个活跃的 Python 极客社群一直在竞争谁能写出最简短、最 Pythonic 的代码来解决各种各样的实际（或不太实际的）问题。

Python 一行流的例子

本书的中心观点是，学习 Python 单行技术既是理解更高级代码库的基础，也是提升自身技能的绝佳工具。在理解几千行代码组成的代码库到底写了些什么之前，必须先了解一行代码的含义。

让我们先来快速看一眼 Python 一行流。如果还不十分理解，不用担心，你会在第 6 章中掌握这种一行流写法。

```
q = lambda l: q(u[x for x in l[1:] if x <= l[0]]) + [l[0]] + q([x for x in l if x > l[0]]) if l else []
```

这个单行程序对著名的快速排序算法做了优美而简洁的压缩，不过对于很多初级或中级的 Python 使用者来说，其具体含义可能还难以掌握。

Python 单行程序经常是在已有基础上搭建而成的，所以在本书中出现的单行程序，复杂度会逐渐增加。本书中，我们将从简单的单行程序开始，这些简单的语句将成为之后更加复杂的程序的基础。比如说，前面的一行流快速排序基于列表解析，但看起来又长又难。下面是一个比较简单的列表解析，用于创建一个平方数的列表。

```
lst = [x**2 for x in range(10)]
```

我们还可以把这个单行程序分解成更简单的单行，用于介绍重要的 Python 基础知识，如变量赋值、数学运算符、数据结构、for 循环、成员运算符，以及 range() 函数——所有这些都出现在一行简单的 Python 程序中！

要知道，基础，并不意味着琐碎或不重要。我们即将见到的所有单行程序都很有用，而且每章会针对计算机科学中的一个独立学科或领域，让你从一个宽阔的视野全面了解 Python 的力量。

关于可读性的说明

《Python 之禅》（*The Zen of Python*）中包含了 Python 编程语言的 19 条指导原则。可以通过在 Python 命令行里输入 `import this` 来阅读它：

```
>>> import this
The Zen of Python, by Tim Peters

Beautiful is better than ugly.
Explicit is better than implicit.
Simple is better than complex.
Complex is better than complicated.
Flat is better than nested.
Sparse is better than dense. Readability counts.
--下略--
```

如《Python 之禅》所言，"可读性很重要（Readability counts）"，单行程序是解决问题的最小化方案，在很多情况下，将一段代码改写为 Python 单行程序会提升可读性，并使得代码更加 Pythonic。例如使用列表解析将创建列表的代码缩短到只有一行。请看下面的例子：

```
# BEFORE
squares = []

for i in range(10):
    squares.append(i**2)

print(squares)
```

```
# [0, 1, 4, 9, 16, 25, 36, 49, 64, 81]
```

在这个代码片段中,我们需要五行代码来生成头 10 个平方数的列表,并把它打印到命令行。但如果使用更佳的单行解决方案,就能以一种更易读和简明的方式做到同样的事情:

```
# AFTER
print([i**2 for i in range(10)])
# [0, 1, 4, 9, 16, 25, 36, 49, 64, 81]
```

输出是完全一样的,但单行程序是基于更加 Pythonic 的概念列表解析来构建的,可读性更高,也更简洁。

然而,Python 一行流也可能写得难以理解。在有些情况下,编写单行程序的解决方案,并不会让程序更加可读。但是,正如象棋大师会在动棋之前了解所有可能的行动方案,并决定何为最佳,你也需要了解所有可以表达你的想法的编码方式,如此才能从中选择最好的方式。追求最优美的解决方案不是一件低优先级的事情,而是 Python 生态系统的核心。正如《Python 之禅》所教导的:"优美胜于丑陋。"

这本书是给谁看的?

你是一位初级到中级的 Python 编码者吗?跟很多处于同样位置的人一样,你也许在编码能力进展上有点卡住了,这本书可以帮助你。你已经读了很多在线编程教程,也编写过自己的源代码,并成功地交付了一些小项目。你已经完成了一门基础编程课程,并且学过一两本编程教材。也许你还在大学里修过一门程序技术课程,在那里已学到了计算机科学与编程的基础知识。

你也许会受某些信念所限,比如大多数程序员理解源码的速度比你理解的快得多,或者你与前 10% 的程序员差距太大。如果你希望达到高级编码水平,加入顶尖编码专家的行列,那么需要学习新的适应性技能。

我很有同感,因为十年前刚开始学习计算机科学的时候,也觉得自己在编程上一无所知,并为此苦恼。而与此同时,我所有的同僚看起来都精通编程,且颇具经验。

借助本书，希望帮助你们克服这些限制自我的想法，让你们朝着成为 Python 专家的方向更进一步。

你会学到什么？

下面是你会学到的内容的概述。

1 Python 温故知新 介绍 Python 的基础知识，让你重新检视自己的 Python 知识。

2 Python 技巧 包括 10 个一行流技巧，帮助你熟练掌握基本知识，例如列表解析、文件输入、lambda 函数、map()和 zip()、all()量词、切片，以及基础的列表运算。你还会学到如何引入和操作各种数据结构，利用它们来解决各种各样的日常问题。

3 数据科学 包含了数据科学方面的 10 个一行流程序，全部基于 NumPy 库构建。NumPy 处于 Python 强大的机器学习和数据科学能力的核心，你将会学到基本的 NumPy 知识，如数组、形状、轴、类型、广播、高级索引、切片、排序、搜索、聚合与统计。

4 机器学习 涵盖了使用 Python 的 scikit-learn 库进行机器学习的 10 个一行流程序，会涉及值预测的回归算法，这些算法的例子包括线性回归、K-近邻算法和神经网络。你也会学到分类算法，比如逻辑回归、决策树学习、支持向量机和随机森林。此外，还会学习如何计算多维数据阵列的基本统计数据，以及用于无监督学习的 *K*-Means 算法，这些都是机器学习领域最为重要的算法与范式。

5 正则表达式 包含 10 个一行流程序,帮助你用正则表达式实现更多的目标。你会学到各种基本的正则表达式，并把它们组合（然后再组合）以创建更加高级的正则表达式，还会学习如何使用分组和命名组、反向查找、转义字符、空白字符、字符集（以及反向字符集）和贪婪/非贪婪运算符。

6 算法 包含了 10 个一行流算法程序，涉及广泛的计算机科学主题，包括拟合、回文、超集、换元、阶乘、质数、斐波那契数列、混淆、搜索和基于算法的排序。其中许多内容将构成更高级算法的基础，是进入全面系统的算法学习的良好导引。

后记 总结全书，让你带着升级后的全新 Python 编程技能，去面对真实世界的考验。

线上资源

为了给本书提供更丰富的培训资料，我补充了一些在线资源，网址见链接列表 0.1、0.2 条目。这些交互式的资源包括以下部分：

Python 小抄 你可以下载这些 Python 小抄，把它们打印出来贴在墙上。这些小抄包含了 Python 语言的核心特性，如果完整学习一遍，你的 Python 知识会得到全面的复习回顾，确保能弥补你所有的知识缺口。

一行流视频教程 作为我的 Python 电子邮件课程的一部分，我录制了很多本书中的 Python 一行流教程，供你免费获取。多媒体教学体验将辅助你进行课程学习。

Python 谜题 可以访问在线资源，解决 Python 谜题，免费使用 Finxter.com 的应用程序来测试和训练你的 Python 技能，在学习本书的过程中，持续衡量你的学习进展。

代码文件和 Jypyter Notebook 必须撸起袖子，多写程序，这样才能往掌握 Python 的目标上有真正的进展，花点时间尝试各种不同的参数值和输入数据吧。为方便大家，我把所有 Python 单行程序都写成了可直接执行的代码文件。

1

Python 温故知新

本章的目的是复习 Python 的数据结构、关键字、控制流操作,以及其他的基础知识。我是为那些现处于中级水平、希望更进一步达到专业水准的 Python 编程者写的这本书,为了达到专家级水平,你必须对基础知识进行完整的学习。

掌握了基本功,你才能退一步看清全局——无论你希望成为 Google 的技术负责人,还是计算机科学的教授,或者只想成为一名优秀的程序员,这一点都是极其重要的,比如说,计算机科学教授通常会对其所在领域的基础知识有极为深刻的理解,这使得他们能够从第一性原理出发进行论证,并找出研究中的空白,而不会被酷炫的新技术表象所蒙蔽。本章介绍了 Python 中最关键的基础知识,之后这也将作为本书中更高级主题的基础。

基本数据结构

对数据结构有透彻理解,是程序员必须具备的最基本的技能之一。不论你是要写机器学习项目,还是在大型代码库中工作,建立和管理网站,或者编写算法,它都会对你有重要帮助。

数值数据类型和结构

最重要的两种数值数据类型是整数和浮点数。整数是不含浮点的正数或负数(例如 3),浮点数是带有浮点精度的正数或负数(例如 3.14159265359)。Python 提供了多种内建的数值运算,以及在这些数值类型之间互相转换的功能。仔细研究一下清单 1-1,便可以掌握这些非常重要的数值运算。

```
## Arithmetic Operations
x, y = 3, 2
print(x + y) # = 5
print(x - y) # = 1
print(x * y) # = 6
print(x / y) # = 1.5
print(x // y) # = 1
print(x % y) # = 1
print(-x) # = -3
print(abs(-x)) # = 3
print(int(3.9)) # = 3
print(float(x)) # = 3.0
print(x ** y) # = 9
```

清单 1-1:数值数据类型

大部分运算符的含义都是不言自明的,注意一下 // 运算符执行的是整除,结果是一个向下取整的整数值(例如,3 // 2 == 1)。

布尔值

一个布尔型的变量的值为 False 或 True。在 Python 中,布尔类型和整数类型有着紧密的关联:布尔类型在内部实现上实际用的是整数值(布尔值 False 默认用 0

表示，布尔值 True 默认用 1 表示）。清单 1-2 给出了这两个布尔关键值的示例。

```
x = 1 > 2
print(x)
# False

y = 2 > 1
print(y)
# True
```

清单 1-2：布尔值 False 和 True

对给定的表达式进行计算后，变量 x 被赋予布尔值 False，变量 y 被赋予布尔值 True。

在 Python 中，可以使用布尔值和三个重要的关键字一起写出更复杂的表达式。

关键字：and，or 和 not

布尔表达式代表了基本的逻辑运算，把它们跟下面三个关键字组合运用，就能制作出各种各样的、可以非常复杂的表达式。

and 表达式 x 和表达式 y 的值都为 True，则 x and y 的值为 True。表达式 x 和 y 任何一个的值为 False，则整个表达式的值为 False。

or x 的值为 True 或 y 的值为 True（或两个都为 True），则表达式 x or y 的值为 True。即，只要其中任何一个表达式的值是 True，整个表达式的值就是 True。

not 如果 x 的值是 False，则 not x 的值为 True。否则，表达式的值为 False。

考虑清单 1-3 中的 Python 代码。

```
x, y = True, False

print((x or y) == True)
# True

print((x and y) == False)
# True
```

```
print((not y) == True)
# True
```

清单 1-3：关键字 and, or 和 not

使用这三个关键字，可以写出你所需要的所有逻辑表达式。

布尔运算符的优先级

布尔运算符的计算顺序，是理解布尔逻辑表达式的一个重要方面。比如说，考虑这句自然语言的陈述："今天下雨且寒冷或刮风"，我们可以用两种方式去解释：

"**（今天下雨且寒冷）或刮风**"，在这种情况下，如果刮风了，整个陈述就是 True，即使没有下雨也是如此。

"**今天下雨了且（寒冷或刮风）**"，然而，如果这样理解，那么只要不下雨，整个陈述就是 False，不论寒不寒冷，有没有刮风。

布尔运算的顺序很重要。这句话的正确理解方式是第一种，因为 and 运算符优先于 or 运算符。考虑清单 1-4 的代码片段。

```
## 1. 布尔运算
x, y = True, False

print(x and not y)
# True
print(not x and y or x)
# True

## 2. if 条件判断得到的是 False
if None or 0 or 0.0 or '' or [] or {} or set():
    print("Dead code") # 没执行到这儿
```

清单 1-4：布尔数据类型

这段代码展示了两个关键点。首先，布尔运算符按照优先级依序计算，运算符 not 具有最高的优先级，接着是 and，然后是 or。其次，下面这些值会被自动判为 False：关键字 None、整数值 0、浮点值 0.0、空字符串，以及空的容器类型。

字符串

Python 字符串是字符组成的序列。字符串是不可变类型，创建以后就不能修改。虽然还有别的创建方法，但下面这五个是最常用到的：

使用单引号 'Yes'

使用双引号 "Yes"

使用三重引号声明多行字符串 '''Yes''' 或 """Yes"""

字符串函数 str(5) == '5' is True

连接 'Py' + 'thon' 得到 'Python'

你会经常需要在字符串中显式地使用空白字符。最常用到的空白字符包括换行符\n、空格字符\s，以及 tab 制表符\t。

清单 1-5 展示了最重要的字符串方法。

```
## 最重要的字符串方法
y = "   This is lazy\t\n   "

print(y.strip())
# 去掉两头的空白字符: 'This is lazy'

print("DrDre".lower())
# 转为小写: 'drdre'

print("attention".upper())
# 转为大写: 'ATTENTION'

print("smartphone".startswith("smart"))
# 用传入的参数作为前缀去匹配，结果为 True

print("smartphone".endswith("phone"))
# 用传入的参数作为后缀去匹配，结果为 True

print("another".find("other"))
# 查找匹配到的索引值为 2
```

```
print("cheat".replace("ch", "m"))
# 把所有出现第一个参数的值的地方替换为第二个参数，结果为 meat

print(','.join(["F", "B", "I"]))
# 使用指定的分隔符把列表中所有元素拼成一个字符串：F,B,I

print(len("Rumpelstiltskin"))
# 字符串长度：15

print("ear" in "earth")
# 检查是否包含，结果为 True
```

清单 1-5：字符串数据类型

这些非字符串独有的方法，显示了字符串数据类型的强大，很多常见的字符串问题，通过 Python 内置的方法就能很好地解决了。如果你不清楚如何得到某种想要的特定输出结果，可以去查阅在线的语言参考，那里列出了所有内建的字符串方法，网址见链接列表 1.1 条目。

布尔值、整数、浮点数和字符串是 Python 中最重要的基本数据类型。不过通常除了创建这些数据，还需要把它们以某种结构组织起来，容器类型就是解决这类需求的答案。但在深入了解容器数据结构之前，我们先快速学习一种重要的特殊数据类型：None。

关键字 None

关键字 None 是 Python 的一个常量，它的含义是**没有值**。其他的编程语言比如 Java 会用 null 来表示，可是 null 这个术语经常令初学者感到困惑，他们会以为这个值就是整数 0。而 Python 选择了关键词 None，来表示它跟数值 0、空列表、空字符都不一样，如清单 1-6 所示。有趣的是，NoneType 数据类型只有一个可能取值，也就是 None。

```
def f():
    x = 2

# 关键字 'is'接下来介绍
```

```
print(f() is None)
# True

print("" == None)
# False

print(0 == None)
# False
```

清单 1-6：使用关键字 None

这段代码展示了使用 None 数据类型的几个例子（以及它不是什么）。如果你没有为一个函数指定返回值，默认的返回值是 None。

容器数据类型

Python 提供的容器数据类型可以高效地处理复杂的操作，同时十分易于使用。

列表

列表（list）是一种用于存储元素序列的容器类型。跟字符串不同的是，列表是可变类型——可以在运行时修改它们。可以通过一系列例子来描述列表数据类型，这也是最好的方式。

```
l = [1, 2, 2]
print(len(l))
# 3
```

这段代码展示了如何用方括号创建一个列表，以及如何用三个整数元素填充它。你还会发现列表中可以存在重复元素。len() 函数返回的是列表中的元素数量。

关键词：is

关键字 is 的作用是检查两个变量是否指向内存中的同一个对象，这可能会让 Python 新手感到困惑。清单 1-7 的代码检查了两个整数和两个列表是否在内存中指向同一个对象。

```
y = x = 3

print(x is y)
# True

print([3] is [3])
# False
```

清单 1-7：使用关键字 is

如果你创建了两个列表——即使它们包含的元素是相同的——它们仍然会指向内存中两个不同的列表对象。修改其中一个列表并不会影响另一个列表。之所以说列表是可变的，正是因为你可以在创建列表之后对其进行修改。因此，如果你去检查它们在内存中是否指向相同的对象，结果会是 False。不过，整数是不可变类型，所以不存在一个变量修改了其指向的对象，而影响到其他所有指向这个对象的变量的风险。原因是整数对象 3 就是不可修改的。试图修改的话只会创建出一个新的整数对象，旧的对象是不会改变的。

添加元素

Python 提供了三种常见方法来为现有的列表添加元素：追加（append）、插入（insert）和列表连接。

```
# 1. Append
l = [1, 2, 3]
l.append(4)
print(l)
# [1, 2, 3, 4]

# 2. Insert
l = [1, 2, 4]
l.insert(2, 3)
print(l)
# [1, 2, 3, 4]

# 3. 列表连接
print([1, 2, 3] + [4])
# [1, 2, 3, 4]
```

这三种操作都会生成同样的列表[1, 2, 3, 4]，不过追加操作是最快的，因为它既不需要遍历列表以在正确的位置插入元素（insert 就是这么做的），也不需要基于两个子列表去创建一个新列表（列表连接）。因此可以简单认为，只有想在列表非末尾的某个特定位置插入元素的时候，才需要用到 insert。列表连接则可以用来连接两个任意长度的列表。注意还有第四种方式，extend()，它提供了一种快速的方式，一次把多个元素追加到指定列表中。

移除元素

通过使用 remove(x)方法，可以很容易地从列表里删除一个元素 x。

```
l = [1, 2, 2, 4]
l.remove(1)
print(l)
# [2, 2, 4]
```

该方法操作的是列表对象本身，而不是根据所做修改创建一个新的列表。在前面的代码示例中，我们创建了一个叫作 l 的列表对象，并通过删除一个元素的操作，在内存中直接修改了这个对象。这样可以避免为同样的列表数据创建冗余的副本，从而节约内存开销。

反转列表

可以使用 list.reverse() 方法来颠倒列表元素的顺序。

```
l = [1, 2, 2, 4]
l.reverse()
print(l)
# [4, 2, 2, 1]
```

反转列表也会修改原来的列表对象，而不是去创建一个新的列表对象。

列表排序

使用 list.sort() 方法，可以给列表排序：

```
l = [2, 1, 4, 2]
l.sort()
```

```
print(1)
# [1, 2, 2, 4]
```

同样，列表排序也会修改原始列表对象，得到的结果是以升序方式排序的。包含字符串对象的列表会以字典升序的方式排序（从 a 到 z）。排序函数一般会假设两个对象是可比较的，粗略来说，如果对于任意数据类型 a 和 b，可以计算 a > b，Python 就能对列表[a, b]进行排序。

列表元素的索引

可以使用 `list.index(x)` 方法，找出一个特定元素 x 在列表中的索引。

```
print([2, 2, 4].index(2))
# 0

print([2, 2, 4].index(2, 1))
# 1
```

`index(x)` 方法会找出元素 x 在列表中第一次出现的位置，并返回对应的索引。像其他主要的编程语言一样，Python 为第一个位置分配的索引是 0，为第 i 个位置分配的索引是 i-1。

堆栈

直观地讲，堆栈数据结构是以先进先出（FIFO）方式工作的。把它想象成一叠文件：把每份新文件放在现有的那叠文件上面，而当你在堆栈上工作的时候，每次都会从最顶上取出文件。在计算机科学中，堆栈依然是一种基本的数据结构，用于操作系统管理、算法、语法解析和回溯。

Python 列表可以直观地作为堆栈使用，列表操作方法 `append()` 可以用于向栈中添加项目，`pop()` 则可以弹出最近添加的项目。

```
stack = [3]
stack.append(42) # [3, 42]
stack.pop() # 42 (stack: [3])
stack.pop() # 3 (stack: [])
```

由于列表的实现极有效率，通常没有必要引入外部堆栈库。

集合

集合数据类型是 Python 和其他众多编程语言的一种基本数据类型。流行的分布式计算语言（比如 MapReduce 或 Apache Spark）甚至几乎只关注集合操作，作为其编程基元。所以到底什么是集合？集合（set）就是一组无序且唯一的元素。把这个定义的几个主要方面拆开来看一下。

一组元素

集合是类似列表或者元组的一组元素，集合可以由基本元素（整数、浮点数、字符串等）或者复杂元素（对象实例、元组）组成。不过，集合中所有的数据类型必须是可哈希的，也就是说每个元素必须有一个对应的哈希值。一个对象的哈希值会用于把这个对象跟其他对象进行比较，因此哈希值必须是永远不变的。我们看一下清单 1-8，它检查了三个字符串的哈希值后，用这些字符串创建了一个集合。如果试图创建一些列表的集合，就会失败，因为列表是不可哈希的。

```python
hero = "Harry"
guide = "Dumbledore"
enemy = "Lord V."
print(hash(hero))
# 6175908009919104006

print(hash(guide))
# -5197671124693729851

## 我们能创建字符串的集合吗？
characters = {hero, guide, enemy}
print(characters)
# {'Lord V.', 'Dumbledore', 'Harry'}

## 我们能创建列表的集合吗？
team_1 = [hero, guide]
team_2 = [enemy]
```

```
teams = {team_1, team_2}
# TypeError: unhashable type: 'list'
```

清单 1-8：集合数据类型只允许包含可哈希的元素

可以创建字符串的集合，因为字符串是可哈希的。但是不能创建列表的集合，因为列表是不可哈希的。其原因是哈希值取决于元素的内容，但列表是可变的。如果你改变了列表数据，哈希值就也得变。由于可变数据类型都是不可哈希的，你也就不能把它们放到集合里。

无序

与列表不同，集合中的元素没有固定的顺序。不论以什么顺序把它们放到集合中，你永远也无法确定集合以什么顺序来存储这些元素。下面是一个例子：

```
characters = {hero, guide, enemy}
print(characters)
# {'Lord V.', 'Dumbledore', 'Harry'}
```

先输入的是 hero，但是解释器先打出的是 enemy（显然，Python 解释器是黑暗一方的）。注意，你的解析器可能会以另一种顺序打出这些集合元素。

唯一

集合中的所有元素都是唯一的。严格地说：集合中满足 x != y 的两个值 x, y, 一定具有不同的哈希值，即 hash(x) != hash(y)。因为集合中的任意两个元素都是不同的，你也就不能创建一支由哈利·波特的克隆人组成的大军去对抗伏地魔：

```
clone_army = {hero, hero, hero, hero, hero, enemy}
print(clone_army)
# {'Lord V.', 'Harry'}
```

无论你多少次把同样的值放入同一个集合中，集合只会存储这个值的一个实例，原因是这些英雄具有同样的哈希值，而每一个集合对同一个哈希值的元素只会包含一次。普通集合类型有一种扩展的类型，叫作多重集合（multiset），这种数据结构可以存储同一个值的多个实例，然而在实践中很少用到。相反，你会在几乎任何一个有意义的代码库中发现集合的运用——例如，对一组顾客的集合与一组来过某家商店的人计算交集，而得到一个新的集合，其中每个顾客都来过这家商店。

字典

字典是一种很有用的数据结构，用来存储键值对（key, value）。

```
calories = {'apple' : 52, 'banana' : 89, 'choco' : 546}
```

可以通过指定方括号里的键名来读写对应的值：

```
print(calories['apple'] < calories['choco'])
# True

calories['cappu'] = 74

print(calories['banana'] < calories['cappu'])
# False
```

使用 keys() 和 values() 函数，可以获取字典中所有的键和值。

```
'print('apple' in calories.keys())
# True

print(52 in calories.values())
# True
```

使用 items() 方法，可以以 (key, value) 元组的形式获取字典里的所有数据：

```
for k, v in calories.items():
    print(k) if v > 500 else None
# 'choco'
```

用这种方式，可以轻松地迭代遍历一个字典中的所有键与值，而不用去单独访问它们。

成员

使用关键字 in，可以检查一个值是否在字典、列表或集合中（见清单 1-9）。

---

❶print(42 in [2, 39, 42]) # True

❷print("21" in {"2", "39", "42"}) # False

print("list" in {"list" : [1, 2, 3], "set" : {1,2,3}})
# True

清单 1-9：使用关键字 in

上面使用关键字 in 来检测整数值 42 是否在一个整数列表中❶，以及字符串"21"是否在一个字符串列表中❷。如果 x 出现在 y 中，我们就说 x 是 y 的一个成员。

检测是否为集合的成员，比检测是否为列表的成员更快：为了检查一个元素 x 是否出现在列表 y 中，需要遍历整个列表，直到找到 x 或者全部遍历完全部元素。然而，集合的实现很像字典：要检测元素 x 是否出现在集合 y 中，Python 内部只需要执行一个操作 y[hash(x)]，并且检查返回值是不是 None 就知道了。

列表和字典解析

列表解析是一项很受欢迎的 Python 特性，用于帮你快速创建和修改列表。形式可以简单写为[表达式 + 上下文]：

表达式 告诉 Python 如何处理列表中的每个元素。

上下文 告诉 Python 选择哪些元素。

例如，在列表解析语句[x for x in range(3)]中，第一个部分 x 就是（恒等的）表达式，第二部分 for x in range(3)是上下文，这句代码生成了列表[1, 2, 3]。示例中传给 range()函数的参数会让它返回指定范围的整数值 0、1 和 2。关于列表解析的另一个例子如下所示：

```
# (姓名，收入)
customers = [("John", 240000),
             ("Alice", 120000),
             ("Ann", 1100000),
             ("Zach", 44000)]

# 收入在一百万美元以上的高价值客户
whales = [x for x,y in customers if y>1000000]
print(whales)
# ['Ann']
```

集合解析也跟列表解析类似，但创建的是一个集合而不是列表。

控制流

　　控制流语句让你能够在代码中做出判断。算法任务通常都由一系列的命令组成，从而常被比作烹饪食谱：把锅装上水，加点盐，加入米，把水倒掉，盛饭。但如果就这样执行，没有任何判断条件，这组命令倒是几秒钟就执行完了，饭是肯定没煮好的，因为你刚加上水、盐、米，马上就进入倒水环节，水还没热，饭也没熟。

　　需要根据不同的情况做出不同的处理：只有当水热了，才把饭放进去；等到饭熟了，再把水沥掉。在现实世界里，你想要准确预测未来状况，编写完全确定的程序，基本是不可能的。相反，你的程序必须能够在不同条件下做出不同的反应。

if、else 和 elif

　　使用关键字 if、else 和 elif（见清单 1-10），可以根据条件判断执行不同的代码分支。

```
❶x = int(input("your value: "))
❷if x > 3:
    print("Big")
❸elif x == 3:
    print("Medium")
❹else:
```

1　Python 温故知新　　**21**

```
print("Small")
```

清单 1-10：使用关键字 if、else 和 elif

这里首先把用户的输入值转换为一个整数，并把它存在变量 x 中❶。然后去检查这个值是比 3 大❷，还是等于 3 ❸，还是比 3 小❹。换句话说，这段代码会以差异化的方式，对现实世界中不可预测的输入值做出反应。

循环

Python 使用两种类型的循环：for 循环和 while 循环，来实现重复执行代码段的功能。使用循环语句，你可以轻松写出一个只有两行代码但可以永远执行下去的程序。不用循环的话，要实现这种重复就会很麻烦（另一个选择是递归）。

从清单 1-11 中可以看到这两种循环在使用上的差别。

```
# 声明一个 For 循环
for i in [0, 1, 2]:
    print(i)
...
0
1
2
...

# 意义相同的 while 循环
j = 0
while j < 3:
    print(j)
    j = j + 1
...
0
1
2
...
```

清单 1-11：使用关键字 for 和 while

这两种循环变体都会在命令行中打印出整数 0、1 和 2，但却是以两种不同的方式来完成这个任务的。

for 循环声明了一个循环变量 i，它的值会迭代地遍历[0, 1, 2]中的每一个，直到遍历完。

while 循环只要满足一个特定的条件就会一直执行下去，在我们的例子里，这个条件是 j < 3。

有两种基本的方法可以终止一个循环：可以定义一个最终会返回 False 的循环条件；或者在循环体内的某个位置使用关键词 break。清单 1-12 是后者的一个例子。

```
while True:
    break # 终止无限循环

print("hello world")
# hello world
```

清单 1-12：使用关键字 break

这里创建了一个 while 循环，它的循环条件的值永远为 True，乍一看，循环应该会永远执行下去。使用无限 while 循环是一种常见做法，比如说开发 Web 服务器的时候，就需要不断重复以下过程：等待一个新的 Web 请求进来，并且去处理这个请求。不过，在某些情况下，你还是会希望提前退出循环。拿 Web 服务器的例子来说，当你的服务器正在遭受攻击的时候，可能会考虑安全因素而停止提供文件服务。在这种情况下，你可以使用关键字 break 来停止循环，并立即执行后面的代码。在清单 1-12 中，循环提前结束后，会执行 print("hello world")。

也可以强制 Python 解释器跳过循环中的某些部分，而不提前结束循环。比如说你可能希望跳过恶意的 Web 请求，而不是完全停止服务器。可以使用 continue 语句来实现这个目的，它会结束当前的循环迭代，并且重新跳回循环条件的位置继续执行（见清单 1-13）。

```
while True:
    continue
    print("43") # 死代码
```

清单 1-13：使用关键字 continue

这段代码会永远执行下去，但却一次也不会执行 print 语句。原因是 continue 语句会结束当前循环并跳回循环开头，所以永远也执行不到 print 语句，永远不会执行到的代码被称为死代码。因为这个原因，continue 语句（以及 break 语句）通常都会放在 if-else 的判断分支里，只在一定条件下执行。

函数

函数可以帮助你轻松地重用代码片段：只写一次，到处都可以用。定义一个函数需要用关键字 def，一个函数名，还可以用参数来定制函数体的执行结果。调用函数时传入两组不同的参数，得到的结果可以非常不一样。比如说，你可以定义一个 square(x) 来返回参数 x 的平方数。调用 square(10) 的结果是 $10 \times 10 = 100$，而调用 square(100) 的结果是 $100 \times 100 = 10000$。

关键字 return 会结束函数执行，并将执行流交还给函数的调用者。你还可以在 return 关键字后面提供一个可选的值，来作为这个函数的返回结果（见清单 1-14）。

```
def appreciate(x, percentage):
    return x + x * percentage / 100

print(appreciate(10000, 5))
# 10500.0
```

清单 1-14：使用关键字 return

你创建了一个函数 appreciate()，用于计算某投资在指定回报率下的增值量。在代码中，你计算假定利率为 5% 时，10000 美元的投资在一年后升值为多少，结果是 10500 美元。使用关键字 return 来指定函数的结果，也就是原始投资本身再加上投资的名义利息。这个函数 appreciate() 的返回值属于浮点类型。

lambda 函数

使用关键字 lambda 可以定义 Python 中的 lambda 函数。lambda 函数是匿名函数，即没有在命名空间中定义，简单地说，它们就是没有名字的函数，用于单次使用。语法如下所示：

```
lambda <参数> ：<返回值表达式>
```

一个 lambda 函数可以有一个或多个参数，用逗号分隔。在冒号（:）后面定义返回值表达式，可以用到前面定义的参数，也可以不用。返回值表达式可以是任意的表达式，甚至是另一个函数。

lambda 表达式在 Python 中扮演着重要角色，你会在实际的代码库中经常见到它们：比如用于使代码更短或更简洁，或者作为很多 Python 函数所需的参数传入（例如 `map()` 或 `reduce()`）。考虑清单 1-15 中的如下所示的代码：

```
print((lambda x: x + 3)(3))
# 6
```

清单 1-15：使用关键字 lambda

首先，创建了一个 lambda 函数，它接受一个参数 x，并返回表达式 x + 3 的计算结果。创建的结果是一个函数对象，可以像其他函数对象一样被调用。基于其语义，你可以把它称为增量器函数。当调用这个增量器函数并传入 3 时（见清单 1-15 中的 `print` 语句里的(3)），得到的结果是整数 6。本书大量使用了 lambda 函数，所以请确保你正确地理解了它们（这同时也是一个提升你对 lambda 函数直观理解的好机会）。

总结

本章提供了一堂简明的 Python 速成课，让你重新回忆了一下 Python 基础知识。在此，学习了最重要的几个 Python 数据结构，以及怎样在代码实例中使用它们。还学习了如何使用 `if-else-elif` 语句，以及 `for` 与 `while` 循环来控制程序的执行流。重温了 Python 的基础数据类型——布尔值、整数、浮点数和字符串——并且了解了哪些内置操作和函数是最常用的。实践中的大部分代码和有用的算法都是基于更强大的容器类型如列表、栈、集合与字典来构建的。通过研究若干示例，还学到了怎样添加、删除、插入和重新排序元素。了解了成员运算符以及列表解析：一种用于在 Python 中以程序化方式创建列表的、高效而强大的内建机制。最后，学习了函数以及如何定义（包括匿名的 lambda 函数）。现在，你已经做好准备，可以学习前 10 个基础的 Python 单行程序了。

2

Python 技巧

所谓技巧，是指以惊人的速度或简洁度完成任务的方式。这也是我们学习技巧的目的。在本书中，你将会学到各种各样的技巧和技术，用来使你的代码更加简洁，同时提升你完成任务的速度。虽然本书的所有技术章节都是在讲 Python 技巧，但本章会着眼于最唾手可得的部分：那些你可以快速、毫不费力就能用上，对你的编码效率又会有极大影响的实用技巧。

本章也是后面更高级章节的踏脚石，你需要理解这些一行流程序，才能理解后面的内容。值得注意的是，我们同时也将涵盖一系列基本 Python 功能，以帮助你编写有效的代码，包括列表解析、文件访问、lambda 函数、reduce() 函数、切片、切片赋值、生成器函数和 zip() 函数。

如果你已经是一名高级程序员，可以浏览一下本章，然后判断哪些部分你想再深入学习一下，哪些部分你已经十分了解了。

使用列表解析找出最高收入者

在本节中，你将会学习使用一种漂亮、强大和高效的 Python 特性——列表解析来创建列表。在接下来的很多一行流程序里你都会用到它。

基础背景

假设你在一家大公司的人力资源部门工作，需要找到所有年薪至少 10 万美元的员工。你希望输出一个元组的列表，每个元组由两个值组成：员工姓名和员工的年薪。下面是你开发的代码：

```
employees = {'Alice' : 100000,
             'Bob' : 99817,
             'Carol' : 122908,
             'Frank' : 88123,
             'Eve' : 93121}

top_earners = []
for key, val in employees.items():
    if val >= 100000:
        top_earners.append((key,val))

print(top_earners)
# [('Alice', 100000), ('Carol', 122908)]
```

尽管这段代码是正确的，但有一种更容易写也更简洁，因而也更易读的写法，可以达到相同的效果。在所有其他条件相同的情况下，行数更少的解决方案能让阅读者更快地捕捉到代码的含义。

Python 提供了一种强大的方法来生成新列表：列表解析。语法很简单，如下所示：

```
[ 表达式 + 上下文 ]
```

方括号表示结果是一个新列表，上下文决定了要选择哪些列表元素，表达式定义了在把元素添加到列表之前，要对它们进行怎样的修改。下面是一个例子：

```
[x * 2 for x in range(3)]
```

上面的公式中的 `for x in range(3)` 是上下文，剩下的部分 `x * 2` 是表达式。简而言之，上下文负责生成 `0, 1, 2` 序列，表达式把它们都乘以了 2。于是，这个列表解析语句生成了下面的列表：

```
[0, 2, 4]
```

表达式和上下文要写得多复杂都可以。表达式可以是上下文中定义的任何变量的函数，可以进行任意计算，甚至可以调用外面的函数。表达式的目的就是在将每个列表元素添加进新的列表之前，先对其进行修改。上下文由一个或多个 for 循环中定义的一个或多个变量构成，你还可以通过 if 语句来限制上下文的范围。在这种情况下，只有当一个新值符合用户指定的条件时，才会把它加到列表中。

列表解析最好用例子来解释。仔细研究下面的例子，你会对列表解析有一个良好的感觉。

```
print([❶x ❷for x in range(5)])
# [0, 1, 2, 3, 4]
```

表达式❶：是一个恒等表达式（不会对上下文中传过来的 x 做任何改动）。

上下文❷：range 函数返回的 0、1、2、3、4 会依次赋给上下文中的变量 x。

```
print([❶(x, y) ❷for x in range(3) for y in range(3)])
# [(0, 0), (0, 1), (0, 2), (1, 0), (1, 1), (1, 2), (2, 0), (2, 1), (2, 2)]
```

表达式❶：把从上下文中传过来的 x 和 y 组合成一个元组。

上下文❷：上下文变量 x 的值会从 range 函数返回的(0, 1, 2)中进行迭代，而上下文变量 y 也会从 range 函数返回的(0, 1, 2)中迭代。这两个循环是嵌套的，对于 x 的每一个值，y 都会重复一遍迭代过程，因此这两个上下文变量会有 3 × 3 = 9 种组合。

```
print([❶x ** 2 ❷for x in range(10) if x % 2 > 0])
# [1, 9, 25, 49, 81]
```

表达式❶：会对上下文变量 x 进行平方计算。

上下文❷：上下文变量 x 会遍历 range 函数的所有返回值——0、1、2、3、4、5、6、7、8、9——里面奇数的部分，即满足 x % 2 > 0 的值。

```
print([❶x.lower() ❷for x in ['I', 'AM', 'NOT', 'SHOUTING']])
# ['i', 'am', 'not', 'shouting']
```

表达式❶：会对上下文变量 x 执行字符串的小写转换函数。

上下文❷：上下文变量 x 会遍历列表中的每个字符串：'I'、'AM'、'NOT'、'SHOUTING'。

现在，你可以理解下面的代码了。

代码

考虑前面介绍过的员工工资问题：对于给定的一个包含字符串键和对应整数值的字典，创建一个由元组(键，值)组成的列表，其中每个与键相关联的值都大于或等于 10 万。清单 2-1 展示了这个代码。

```
## 原始数据
employees = {'Alice' : 100000,
             'Bob' : 99817,
             'Carol' : 122908,
             'Frank' : 88123,
             'Eve' : 93121}

## 一行流
top_earners = [(k, v) for k, v in employees.items() if v >= 100000]

## 结果
print(top_earners)
```

清单 2-1：使用列表解析的一行流解决方案

这段代码的输出结果是什么呢？

它是如何工作的

我们来看看这句一行流代码:

```
top_earners = [❶(k, v) ❷for k, v in employees.items() if v >= 100000]
```

表达式❶:对于每一组上下文变量 k、v,创建一个简单的(k, v)键值对元组。

上下文❷:字典方法 `dict.items()` 确保上下文变量 k 会遍历这个字典所有的键,同时上下文变量 v 会遍历对应的值。不过 if 条件保证了只有当值大于或等于 10 万的时候,才会被遍历到。

这行代码的结果如下所示:

```
print(top_earners)
# [('Alice', 100000), ('Carol', 122908)]
```

这个简单的一行流程序介绍了列表解析这一重要概念。我们在本书中会多次用到列表解析,所以在继续学习之前,请确保理解了本节中的例子。

使用列表解析找出高信息价值的单词

在这个一行流程序中,你将更深入地了解列表解析的强大功能。

基础背景

搜索引擎对文本信息的排名,是根据其与用户查询关键词的相关程度来进行的。为了达到这个目的,搜索引擎会对要搜索的文本内容进行分析。所有的文本都由词语组成,有些词提供了大量关于文本内容的信息——而有些则没有。前者的例子是像 white、whale、Captain、Ahab(你知道是什么意思吗?)这种词,后者的例子则是 is、to、as、the、a 或者 how,因为大多数文本都会包含这些词。在开发搜索引擎时,过滤掉那些对文本意义贡献不大的词是常见的做法。一个简单的启发式方法是过滤掉所有不多于 3 个字母的单词。

代码

我们的目标是解决如下问题：对于给定的一个多行字符串，生成一个列表，列表中每个元素也是一个列表，由一行中所有多于 3 个字符的单词组成。清单 2-2 提供了数据和解决方案。

```
## 数据
text = '''
Call me Ishmael. Some years ago - never mind how long precisely - having
little or no money in my purse, and nothing particular to interest me
on shore, I thought I would sail about a little and see the watery part
of the world. It is a way I have of driving off the spleen, and regulating
the circulation. - Moby Dick'''


## 一行流
w = [[x for x in line.split() if len(x)>3] for line in text.split('\n')]


## 结果
print(w)
```

清单 2-2：找出高信息价值词的一行流解决方案

这段代码的结果是什么？

它是怎么工作的

这句单行代码使用两个嵌套的列表解析，生成了一个由列表组成的列表。

- 内层的列表解析表达式`[x for x in line.split() if len(x)>3]`使用字符串的 `split()` 函数把一行文本划分为若干单词的序列。我们用 x 遍历所有的单词，如果超过 3 个字母，则把它加入列表。
- 外层的列表解析表达式则创建了上面的语句中所要用到的单行文本。同样，它也使用了 `split()` 函数，根据换行符`'\n'`把文本切分为单行。

当然，你需要逐渐习惯用列表解析的方式来思考问题，在此之前，可能会觉得这种思路不那么自然，但读完本书后，你会将列表解析用得滚瓜烂熟，快速地阅读和编写这样 Pythonic 的代码，对你来说是小菜一碟。

读取文件

在本节中,你将读取一个文件,并把结果存储在一个由字符串组成的列表中(每行一个字符串),同时还要把这些行中的前导和尾部空白字符删掉。

基础背景

在 Python 中,读取文件的操作直截了当,但通常还是需要写几行代码(再搜一两次 Google)来完成。下面是在 Python 中读取文件的一种标准方式:

```
filename = "readFileDefault.py" # 这段代码自己

f = open(filename)
lines = []
for line in f:
    lines.append(line.strip())

print(lines)
"""
['filename = "readFileDefault.py" # 这段代码自己',
'',
'f = open(filename)',
'lines = []',
'for line in f:',
'lines.append(line.strip())',
'',
'print(lines)']
"""
```

这段代码假设被保存在某个文件夹里一个叫作 readFileDefault.py 的文件中。在代码中打开这个文件,它创建了一个空列表 lines。然后在 for 循环里遍历这个文件的所有行,并用 append() 操作把每行字符串添加到上面的空列表里。同时调用了字符串方法 strip() 来移除所有前导和尾部空白字符(否则,字符串中会出现换行符'\n')。

要访问计算机上的文件,需要知道怎样打开和关闭它们。只有在打开文件后,才能访问文件数据,关闭文件后,才能确保要写的数据都已经写到了文件中。Python

可能会创建一个缓冲区，并且在把整个缓冲区写入文件之前稍等片刻（见图 2-1）。这样做的原因很简单：文件访问的速度较慢，出于效率考虑，Python 会避免一个一个比特地往里写，而是等到缓冲区被足够的字节装满，然后一次性把整个缓冲区刷新到文件中。

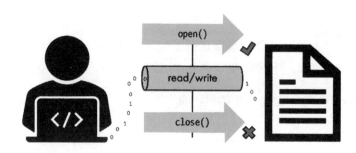

图 2-1：在 Python 中打开和关闭文件

访问文件后使用 `f.close()` 命令把文件关闭是一个好做法，这样可以确保所有的数据都被正确地写入文件，而不会停留在临时内存中。不过，在几种例外情况下，Python 会自动关闭文件：其中一种例外是在文件对象的引用数降为 0 时。在下面的代码中你就会见到这种情况。

代码

我们的目标是打开一个文件，读取每一行，去掉其前导与末尾空白字符，并且把结果存到一个列表中。清单 2-3 提供了按行读取文件的一行流解决方案。

```
print([line.strip() for line in open("readFile.py")])
```

清单 2-3：按行读取文件的一行流解决方案

读下文之前，先猜一猜这段代码的输出结果是什么。

它是怎么工作的

在这里，我们用列表解析生成了一个列表，再用 `print()` 语句把它打印到 shell

里。在这个列表解析的表达式部分，用到了字符串对象的 `strip()` 方法。

这个列表解析的上下文部分会遍历该文件的每一行。最后的输出结果就是这个一行流程序本身（因为它读取的文件正是名为 `readFile.py` 的 Python 源文件），它被放到字符串里，并填充到列表中。

```
print([line.strip() for line in open("readFile.py")])
# ['print([line.strip() for line in open("readFile.py")])']
```

从本节可以看到，通过使代码更短、更简洁，你能够在不影响效率的前提下，让代码变得更加易读。

使用 lambda 和 map 函数

本节介绍两个重要的 Python 特性：lambda 和 map() 函数，这两个函数都是你手上 Python 工具箱里的得力助手。你将使用这些函数来搜索一系列字符串中是否包含了另一个字符串。

基础背景

在第 1 章中，学过了如何使用表达式 `def x` 来定义一个新函数，后面是这个函数的内容。不过这并不是在 Python 中定义函数的唯一方法，你还可以用 lambda 来定义一个带返回值的简单函数（返回值可以是任意对象，包括元组、列表和集合）。换句话说，每个 lambda 函数都会向其调用环境返回一个对象值。请注意，这给 lambda 函数带来了一个实际的限制，因为它跟普通函数不同，它的设计不是为了只执行代码而不返回值。

> **注意**
>
> 在第 1 章已经提到了 lambda 函数，但由于它是一个如此重要且贯穿本书的概念，我们会在本节中进行更深入的研究。

lambda 函数允许你使用关键字 lambda 创建一个单行的新函数。当你想简单创建一个只用一次的函数，并且希望这个函数在之后立刻被垃圾回收掉时，lambda 就很有用了。我们先来研究一下 lambda 函数的具体语法：

```
lambda 参数 : return 表达式
```

首先用关键字 `lambda` 开始函数定义，然后是函数参数列表。在调用函数时，调用者必须提供这些参数。然后写一个冒号（:）和返回值表达式。返回值表达式会计算出函数的输出结果，可以是任意的 Python 表达式。考虑下面例子中的函数定义：

```
lambda x, y: x + y
```

这个 `lambda` 函数有两个参数，`x` 和 `y`，返回值就是两个参数的和，`x + y`。

当你只需要调用函数一次，而且可以很容易地在一行代码中定义的时候，通常会使用 `lambda` 函数。一个常见的例子是在 `map()` 函数中使用 `lambda`，`map()` 函数的参数是一个函数对象 `f` 和一个元素序列 `s`，调用 `map()` 时，会把传入的 `f` 函数应用在序列 `s` 的每个元素上。当然，你也可以定义一个完整的命名函数作为传入的函数 `f`，但这样做往往比较麻烦，而且降低了可读性——尤其是当函数很短，而你又只需要它一次的时候——最好是用 `lambda` 函数。

在开始一行流示例之前，先快速介绍一个让你今后可以更轻松的 Python 小技巧：通过表达式 `y in x` 来检查字符串 `x` 是否包含了字符串 `y`。如果字符串 `x` 中至少出现了一次字符串 `y`，则该语句返回 `True`。例如，表达式 `'42' in 'The answer is 42'` 会得到 `True`，而表达式 `'21' in 'The answer is 42'` 是 `False`。

现在来看看我们的一行流示例。

代码

当给定一个字符串列表时，我们的一行流程序（清单 2-4）接下来会创建一个由元组组成的新列表，每个元组由一个布尔值和对应的原字符串组成。这个布尔值表示字符串 `'anonymous'` 是否出现在原字符串中。我们把这个生成的列表命名为标记数据（mark），因为这个布尔值标记出了列表中的每一个原字符串是否包含 `'anonymous'`。

```
## 数据
txt = ['lambda functions are anonymous functions.',
       'anonymous functions dont have a name.',
       'functions are objects in Python.']

## 一行流
mark = map(lambda s: (True, s) if 'anonymous' in s else (False, s), txt)

## 结果
print(list(mark))
```

清单 2-4：标记包含 'anonymous' 字符串的一行流方案

这段代码的输出结果是什么？

它是如何工作的

　　map() 函数会为列表中的每行原始文本添加一个布尔值，为 True 时表示这行文本中含有 anonymous 这个词。传入 map() 的第一个参数是个匿名 lambda 函数，第二个参数是你想要检查的文本字符串的列表。

　　这里的 lambda 函数通过其返回值表达式(True, s) if 'anonymous' in s else (False, s)来搜索'anonymous'字符串，其中的变量 s 是这个 lambda 函数的输入参数，在这个例子中，其类型是字符串。如果搜索关键字'anonymous'存在于字符串中，这个表达式会返回元组(True, s)，否则返回元组(False, s)。

　　这个程序的结果如下所示：

```
## Result
print(list(mark))
# [(True, 'lambda functions are anonymous functions.'),
# (True, 'anonymous functions dont have a name.'),
# (False, 'functions are objects in Python.')]
```

　　从布尔值可以看到，只有前两行字符串包含了'anonymous'。

　　在接下来的其他一行流代码中，你会发现 lambda 函数极其好用。同时，你正在朝目标持续进步：彻底理解你在实践中遇到的每一行代码。

> **练习 2-1**
>
> 使用列表解析而不是 map() 函数来实现相同的结果（答案在本章末尾可以找到）。

使用切片查找匹配子串及所处环境

本节将介绍切片（slice）的重要概念，也就是从完整的原始序列中提取出子序列，以处理简单的文本查询。我们将会从一些文本中搜索指定的字符串，提取出这个字符串，以及它周围的一些作为上下文的字符。

基础背景

在 Python 的大量概念和技巧中——不论基本的还是高级的——切片都是不可或缺的基础，不管是在操作 Python 内置数据结构如列表、元组和字符串时，还是在使用许多高级 Python 库诸如 NumPy、Pandas、TensorFlow 和 scikit-learn 时。彻底掌握切片，将对你作为 Python 程序员的整个职业生涯产生积极的影响。

切片用于从一个序列中提取出子序列，比如字符串的一部分，语法简单直接。假设有一个变量 x，它指向一个字符串、列表或元组，那你就可以用如下所示的写法切出其中的一个子序列。

```
x[start:stop:step]
```

生成的子序列将从 start 代表的索引（含）开始，到 stop 指明的索引（不含）结束。你还可以加上可选的第三个参数 step 来决定抽取哪些元素，也就是每过 step 个元素抽取一个。比如说，切片操作 x[1:4:1]用在变量 x = 'hello world'上，会得到字符串'ell'，切片操作 x[1:4:2]用在同样的字符串上会得到'el'，因为每两个字符才会取一个放到结果切片中。顺便回忆一下，第 1 章中讲过 Python 的所有序列类型比如字符串和列表，索引都是从 0 开始的。

如果不传 step 参数，Python 会使用默认的步长 1，例如用 x[1:4]进行切片会得到'ell'。

如果不写起始或结束参数，Python 会假定你想要从头切起，或者一直切到末尾，例如 x[:4]会得到字符串'hell'，x[4:]会得到'o world'。

学习下面的代码，可以进一步加深你的直观认识。

```
s = 'Eat more fruits!'

print(s[0:3])
# Eat

❶ print(s[3:0])
# (empty string '')

print(s[:5])
# Eat m

print(s[5:])
# ore fruits!

❷ print(s[:100])
# Eat more fruits!

print(s[4:8:2])
# mr

❸ print(s[::3])
# E rfi!

❹ print(s[::-1])
# !stiurf erom taE

print(s[6:1:-1])
# rom t
```

这些都是 Python 切片[start:stop:step]的变体形式，突出了该技术的许多有趣的特性：

- 如果 start >= stop，且 step 为正值，那么切片会为空❶。
- 如果 stop 参数比原序列还长，Python 将会把切片一直切到最右边的元素❷。

- 如果 `step` 是正值，默认的 `start` 值会是最左边的元素，默认的 `stop` 会是最右边的元素（含）❸。
- 如果 `step` 是负值（`step < 0`），切片操作会以逆序遍历该序列。你得到的切片将会从最右边的元素（含）开始直到最左边的元素（含）结束❹。注意，如果给定了 `stop` 参数，则其对应的元素不会包含在结果中。

接下来，将把切片和 `string.find(value)` 方法结合使用，以查找给定字符串参数在文本中的位置。

代码

我们的目标是在一个多行字符串中找到一个特定的搜索关键词，需要找到关键词在文本中的位置，并返回它所处的上下文环境，即前后各 18 个字符。搜索时一并提取上下文很有用，能让你看到搜索结果处于什么文本环境之中。就像 Google 所做的那样，会围绕所搜到的关键词显示一小段文本。在清单 2-5 中，你会在亚马逊致股东信中查找 `'SQL'` 这个字符串，以及 `'SQL'` 前后至多各 18 个位置的字符。

```
## 数据
letters_amazon = '''
We spent several years building our own database engine,
Amazon Aurora, a fully-managed MySQL and PostgreSQL-compatible
service with the same or better durability and availability as
the commercial engines, but at one-tenth of the cost. We were
not surprised when this worked.
'''

## 一行流
find = lambda x, q: x[x.find(q)-18:x.find(q)+18] if q in x else -1

## 结果
print(find(letters_amazon, 'SQL'))
```

清单 2-5：搜索字符串及其所处环境的一行流方案

猜一猜这段代码最后输出的结果是什么。

它是如何工作的

你定义了一个 lambda 函数，它有两个参数：一个文本字符串 x，一个要在文本中搜索的关键词 q。把这个 lambda 函数赋给了变量名 `find`，这样就有了一个函数 `find(x, q)`，用于从文本 x 中查找关键词 q。

如果关键词 q 不在字符串 x 中，就直接返回结果 -1 了，否则你就用切片把关键词在文本中第一次出现的位置挖取出来，再加上前后各 18 个字符，这样就得到了关键词所处的环境。使用字符串函数 x.find(q) 来查找 q 在 x 中第一次出现的索引，这个函数被调用了两次，以确定分片的起始索引和结束索引。两次调用返回的是同样的值，因为文本 x 和关键词 q 都没有变化。虽然这段代码工作得很好，但多余的函数调用会造成不必要的计算。这个缺点可以轻松解决：可以添加一个辅助变量来暂存第一次函数调用的结果，然后下次就可以访问这个变量来重用第一次调用的结果了。

从上面的讨论可以看出一个重要的权衡：如果想只写一行代码，就没法设置一个辅助变量来存储关键词第一次出现的索引，以重用这个结果。相反，你就必须先计算一次起始索引（并将结果递减 18 个字符位置），再计算一次结束索引（并将结果递增 18 个字符位置）。在第 5 章中，你会学到一种更有效的在字符串中进行模式搜索的方法（正则表达式），以解决这个问题。

在亚马逊致股东信中搜索 'SQL'，你会发现文本中的确出现了这个关键词：

```
## 搜索结果
print(find(letters_amazon, 'SQL'))
# a fully-managed MySQL and PostgreSQL
```

结果是，你找到了这个字符串，以及为搜索提供上下文的一些周围的文本。切片是 Python 基础学习中的一个十分重要的元素，让我们通过另一个一行流程序来进一步加深你对切片的理解。

列表解析和切片

本节会结合列表解析和切片，对一组二维数据进行采样。我们的目的是从一个大得令人望而却步的样本集中提取一个较小但有代表性的数据样本。

基础背景

假设你是一家大银行的金融分析师，正在训练一个新的机器学习模型来预测股票价格。你有一个训练数据集，是真实世界的股票价格。然而，这个数据集太大，模型训练在你的电脑上似乎永远都跑不完。在机器学习中，测试你的模型对于不同的模型参数集的预测精度，是很常见的工作。比如说，在我们的应用中，你的训练程序可能要等好几小时才能跑完（在大规模数据集上训练高度复杂的模型，事实上确实需要数小时），为了加快进度，你想要通过间隔采样的方式把数据集减少一半，预计这样的改动应该不会让模型准确度下降太多。

在这一节中，将使用之前学过的两种 Python 特性：列表解析和切片。列表解析让你可以遍历列表并加以修改，切片让你可以快速地从一个给定列表中选出间隔的元素，而且它自然地适用于简单的过滤操作。让我们来详细看一下这两种特性是如何组合使用的。

代码

我们的数据是一个列表，其中每个元素都是由 6 个浮点数组成的子列表。我们的目标是从这份数据中创建出一个新的训练数据集。看一下清单 2-6。

```
## 数据（每日股票价格($)）
price = [[9.9, 9.8, 9.8, 9.4, 9.5, 9.7],
         [9.5, 9.4, 9.4, 9.3, 9.2, 9.1],
         [8.4, 7.9, 7.9, 8.1, 8.0, 8.0],
         [7.1, 5.9, 4.8, 4.8, 4.7, 3.9]]

## 一行流
sample = [line[::2] for line in price]

## 结果
print(sample)
```

清单 2-6：数据采样的一行流方案

跟以前一样，看看你能不能猜到输出结果是什么。

它是如何工作的

我们的解决方案分两步。首先，用列表解析遍历原列表中的所有代表价格的行；其次，通过对每一行进行切片，得到一个由浮点数组成的新列表。在切片 line[start:stop:step] 中，使用了默认的 start 和 stop 参数，step 值为 2。这样，新的浮点数列表由 3 个（而不是 6 个）浮点数组成，结果是如下所示的数组：

```
## 结果
print(sample)
# [[9.9, 9.8, 9.5], [9.5, 9.4, 9.2], [8.4, 7.9, 8.0], [7.1, 4.8, 4.7]]
```

这个使用 Python 内建功能的一行流程序并不复杂，但你会在第 3 章中学到一个更加简短的版本，它使用了数据科学计算库 NumPy。

> **练习 2-2**
> 学完第 3 章后，重新考察这个一行流程序，并利用 NumPy 库提出更加简洁的一行流方案。提示：利用 NumPy 更加强大的切片能力。

使用切片赋值来修复损坏的列表

本节将向你展示 Python 切片的一个强大功能：切片赋值，即在赋值操作符的左侧使用切片符号，以此对原序列的子序列进行修改。

基础背景

想象你在一家小型互联网创业公司工作，负责追踪用户的网页浏览器（Google Chrome、Firefox、Safari）。把数据存储在数据库中，为了分析，把收集到的浏览器数据加载到一个很大的字符串列表中，但由于你的追踪算法中的一个错误，每隔一个数据，就有一个是损坏的（corrupted），需要替换成正确的数据。

假设你的 Web 服务器总是把用户的第一次 Web 请求重定向到另一个 URL（这在 web 开发中的代码是 HTTP 301: Moved Permanently，是一种常见做法），于是你由此得出结论：在绝大多情况下，第一次与第二次访问的浏览器是相同的，因为用户在等待重定向时，浏览器是不变的。这就意味着，你可以轻松地恢复正确的原始数据。本质上，你要做的是每隔一个字符串向后复制一次，也就是说，把 ['Firefox', 'corrupted', 'Chrome', 'corrupted'] 变为 ['Firefox', 'Firefox', 'Chrome', 'Chrome']。

如何以一种快速、可读性强、高效的方式（最好是用一行代码）来达成这个目标？你第一个想法应该是创建一个新列表，遍历原来已损坏的列表，并将每个未损坏的数据拷贝两次到新列表中。但是你会否定这个想法，因为这样就必须在代码中维护两个列表，每一个都可能有数百万个条目。而且这个解决方案需要挺长一段代码，会损害你的程序的可读性和简洁性。

幸运的是，你读到过一个漂亮的 Python 特性：切片赋值。通过使用语法 lst[i:j] = [0 0 ...0]，你可以从序列中选出并替换索引 i 和 j 之间的那部分**元素序列**。由于你在赋值操作符的**左边**使用了切片 lst[i:j]（而不是像之前的例子那样在右边），这个特性被称为切片**赋值**。

切片赋值的思想很简单：把左边原序列中的选定元素替换成右边的元素。

代码

我们的目标是每隔一个字符串，用紧挨在它前面的字符串将其替换掉。见清单 2-7。

```
## 数据
visitors = ['Firefox', 'corrupted', 'Chrome', 'corrupted',
            'Safari', 'corrupted', 'Safari', 'corrupted',
            'Chrome', 'corrupted', 'Firefox', 'corrupted']

## 一行流
visitors[1::2] = visitors[::2]
```

```
## 结果
print(visitors)
```

清单 2-7：替换所有损坏字符串的一行流方案

这段代码修复后的浏览器序列是怎样的？

它是如何工作的

这个一行流解决方案会把 `'corrupted'` 字符串替换成位于它们前面的正确浏览器字符串。这里使用了切片赋值记号来选中 visitors 列表中的每一个损坏的数据，把被选中的元素在下面的代码片段中**高亮**显示了：

```
visitors = ['Firefox', 'corrupted', 'Chrome', 'corrupted',
            'Safari', 'corrupted', 'Safari', 'corrupted',
            'Chrome', 'corrupted', 'Firefox', 'corrupted']
```

代码把这些选中的元素替换为赋值操作符右侧的切片。这些元素在下面的代码片段中**高亮**显示：

```
visitors = ['Firefox', 'corrupted', 'Chrome', 'corrupted',
            'Safari', 'corrupted', 'Safari', 'corrupted',
            'Chrome', 'corrupted', 'Firefox', 'corrupted']
```

前者被后者所取代，因此，visitors 列表的最后状态如下所示（**高亮**显示了被替换的元素）：

```
## 结果
print(visitors)
'''
['Firefox', 'Firefox', 'Chrome', 'Chrome',
 'Safari', 'Safari', 'Safari', 'Safari',
 'Chrome', 'Chrome', 'Firefox', 'Firefox']
'''
```

原列表中的每个 `'corrupted'` 字符串最后都替换成了它们前面正确的浏览器字符串，这样一来，就把"脏"数据都清理干净了。

使用分片赋值，是完成这个小任务最快速和有效的方法。注意，这份数据被清理后不会造成浏览器统计上的偏差：在之前的损坏数据中占有 70%份额的浏览器，在清理后的数据中仍然占有 70%份额。清理后的数据可以用于进一步的分析，例如，判断 Safari 用户是不是更优质的用户（毕竟他们倾向于在硬件上花更多的钱）。现在，你学到了一种程序化的、简单且简洁的就地修改列表数据的方法。

使用列表连接分析心脏健康数据

在本节中，你会学习如何使用列表连接（list concatenation）来多次复制较小的列表，并把它们合并成一个大列表，以生成循环的数据。

基础背景

这次，你要为一家医院做个小型代码项目。你的目标是通过跟踪患者的心跳周期来监测和可视化展示患者的健康情况。你需要绘制一个预期心跳周期数据图，这样患者和医生就能够监控实际情况距离预期情况的偏差。现在，列表[62，60，62，64，68，77，80，76，71，66，61，60，62]中存储了单个心跳周期的测量数据，你需要据此实现图 2-2 中的可视化效果。

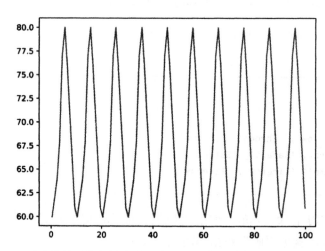

图 2-2：通过复制测量数据中的选定区间，实现预期心跳周期的可视化

一个问题是，[62, 60, 62, 64, 68, 77, 80, 76, 71, 66, 61, 60, 62]这个列表中第一个和最后两个数据是冗余的。如果只需要可视化一个完整的心跳周期，这几个数据还算有用，不过我们现在得把它们去掉，否则重复拷贝这段心跳周期时，得到的可视化效果就会是图 2-3 这样的。我们得确保不会变成这样。

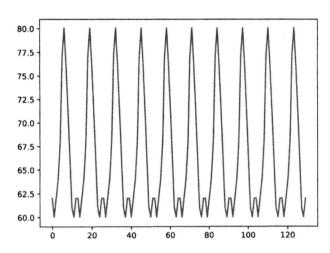

图 2-3：通过复制整个测量数据来实现预期的心跳周期（未过滤掉冗余数据）

很明显，你得清理一下原始列表，去掉多余的第一个和最后两个值，把[62, 60, 62, 64, 68, 77, 80, 76, 71, 66, 61, 60, 62]变成[60, 62, 64, 68, 77, 80, 76, 71, 66, 61]。

接下来你会组合使用切片与新介绍的 Python 特性列表连接，通过连接（也就是粘合）现有的列表来获得一个新列表。例如，[1, 2, 3] + [4, 5]会生成新列表[1, 2, 3, 4, 5]，但不会替换掉原来的列表。用*运算符可以进行多重连接，这样你就可以创建出很长的列表：例如[1, 2, 3] * 3 可以生成新列表[1, 2, 3, 1, 2, 3, 1, 2, 3]。

此外，你会用到 matplotlib.pyplot 模块来绘制生成的心跳数据。matplotlib 的函数 plot(data)预期接受一个可迭代对象（iterable）作为参数 data——可迭代对象就是指一个你可以在里面迭代遍历的对象，比如列表——然后用它作为之后的二维图中数据点的 y 值。让我们深入了解一下这个示例。

代码

给定一个整数列表,用来表示测量所得的心跳周期,首先要从列表中删除第一个和最后两个值来清理数据。其次,通过把心跳周期往未来的时间中多次复制,创建出一个新列表,代表预期的未来心率。清单 2-8 展示了代码。

```
## 导入依赖
import matplotlib.pyplot as plt

## 数据
cardiac_cycle = [62, 60, 62, 64, 68, 77, 80, 76, 71, 66, 61, 60, 62]

## 一行流
expected_cycles = cardiac_cycle[1:-2] * 10

## 结果
plt.plot(expected_cycles)
plt.show()
```

清单 2-8:预测未来心率的一行流解决方案

接下来,你会知道这段代码得到了什么结果。

它是如何工作的

这句一行流由两个步骤组成。首先,用切片来清理数据,使用负的 stop 参数 -2 一路往右切到最后两个多余的数据之前。然后通过使用复制操作符 * 将得到的数据连接 10 次。结果是一个由单次心跳数据连接而成的,10 × 10 = 100 个整数组成的列表。绘制二维图时,你会得到如图 2-2 所示的理想结果。

使用生成器表达式查出未达最低工资标准的公司

本节结合你已经学到的一些 Python 基础和即将介绍的有用的函数 any() 展开学习。

基础背景

假设你在美国劳工部从事执法工作，寻找低于最低工资标准的公司，以便展开进一步的调查。公平劳动标准法（FLSA）官员们，就像运肉卡车后面跟的饥饿狗群一样，已经等不及要你提供违反最低工资标准的公司名单。你能把名单交给他们吗？

这就是你的武器：Python 的 any() 函数。它接受一个可迭代对象，比如列表，如果这个可迭代对象中至少有一个的真值判断为 True，它就会返回 True。例如，表达式 any([True, False, False, False]) 的结果为 True，而 any([2<1, 3+2>5+5, 3-2<0, 0]) 的结果为 False。

> **注意**
>
> Python 的创造者 Guido van Rossum 是内建函数 any() 的超级粉丝，他甚至提议过在 Python 3 中将其作为内建函数。Guido 2005 年的博文 *The Fate of reduce() in Python 3000* 中有更多细节，网址见链接列表 2.1 条目。

一个有趣的 Python 扩展功能是列表解析的更泛化的形式：生成器表达式（generator expressions）。生成器表达式与列表解析的工作方式完全一样，但不需要在内存中真的去创建一个列表。遍历到的元素是在运行时临时生成的，而没有显式存储在一个列表中。例如，用列表解析来计算前 20 个自然数平方和是这样的：sum([x*x for x in range(20)])，用生成器表达式写成这样：sum(x*x for x in range(20))。

代码

我们的数据是一个字典，存储了公司员工的时薪。你想要提取出一个公司列表，代表那些至少给一个员工支付了低于你所在州最低工资标准（<$9）的公司。见清单 2-9。

```
## 数据
companies = {
    'CoolCompany' : {'Alice' : 33, 'Bob' : 28, 'Frank' : 29},
    'CheapCompany' : {'Ann' : 4, 'Lee' : 9, 'Chrisi' : 7},
    'SosoCompany' : {'Esther' : 38, 'Cole' : 8, 'Paris' : 18}}

## 一行流
```

```
illegal = [x for x in companies if any(y<9 for y in companies[x].values())]

## 结果
print(illegal)
```

清单 2-9：找出支付低于最低工资标准的公司的一行流

哪些公司会被进一步调查？

它是如何工作的

在这个一行流程序中用了两个生成器表达式。

第一个生成器表达式，y<9 for y in companies[x].values()用来产生输入给函数 any() 的数据。这个表达式检查了公司的每个员工，看他们是不是拿到低于最低标准 y<9 的时薪，得到的是一个由布尔值组成的可迭代对象。这里还使用了字典方法 values() 来返回存在字典中的值的列表，例如，companies['CoolCompany'].values()返回这个公司的时薪字典中所有的值的列表（[33, 28, 29]）。如果它们中至少有一个低于最低标准，函数 any() 将会返回 True，这个公司 x 将会作为字符串被存在结果列表 illegal 中。

第二个生成器表达式是列表解析[x for x in companies if any(...)]，它创建了一个公司名称列表，包含了在之前的 any() 调用中得到结果 True 的公司名称。这些都是不满足最低工资标准的公司。注意，表达式 for x in companies 访问了字典所有的键，也就是公司名：'CoolCompany'、'CheapCompany' 和 'SosoCompany'。

于是，可以得到如下所示的结果：

```
## Result
print(illegal)
# ['CheapCompany', 'SosoCompany']
```

三家公司中的两家都必须被进一步调查，因为他们支付给至少一名员工的钱太少了。你的官员们可以开始跟 Ann、Chrisi 和 Cole 谈话了！

使用 zip() 函数格式化数据库

在本节中,你会学到如何通过使用 zip() 函数,把数据库的列名加入由数据行组成的列表。

基础背景

zip() 函数接受一系列可迭代对象 iter_1, iter_2, …, iter_n 作为参数,并把它们聚合为一个可迭代对象。方式是先把它们对齐,然后把每个可迭代对象的第 i 个元素取出来放到一个元组中,最后返回这些元组构成的可迭代对象。例如,考虑下面两个列表:

```
[1,2,3]
[4,5,6]
```

如果把它们用 zip 压缩到一起——经过简单的数据类型转换,正如稍后看到的那样——你将会得到一个新的列表:

```
[(1,4), (2,5), (3,6)]
```

把它们解压回原来的元组需要两个步骤:首先,把结果外面的方括号去掉,得到三个元组:

```
(1,4)
(2,5)
(3,6)
```

然后把它们 zip 到一起,得到新的列表:

```
[(1,2,3), (4,5,6)]
```

这样,就再次得到了原来的列表!下面的代码片段展示了完整的处理过程:

```python
lst_1 = [1, 2, 3]
lst_2 = [4, 5, 6]

# 把两个列表压缩到一起
zipped = list(zip(lst_1, lst_2))
```

```
print(zipped)
# [(1, 4), (2, 5), (3, 6)]

# 重新解压回列表
lst_1_new, lst_2_new = zip(❶*zipped)
print(list(lst_1_new))
print(list(lst_2_new))
```

这里使用了星号操作符*把列表拆解成元素❶。这个操作符去掉了列表的外括号，所以实际传进 zip() 函数的是 3 个可迭代对象（元组(1, 4)、(2, 5)、(3, 6)）。把它们 zip 到一起的时候，你会先把 3 个元组中的第一个元素 1、2 和 3 放进一个新元组中，第二个元素 4、5 和 6 放进另一个新元组中。合在一起，你就得到了可迭代对象(1, 2, 3)和(4, 5, 6)，也就是（解压后的）原始数据。

现在，想象一下你在公司人力部门的 IT 小组工作，维护着所有员工的数据库，数据库的字段名有 name、salary 和 job。可是你的数据格式有点过时了，每行是这样的形式：('Bob', 99000, 'mid-level manager')。你希望把字段名跟数据条目关联起来，改成比较易读的格式{'name': 'Bob', 'salary': 99000, 'job': 'mid-level manager'}。如何才能实现这一点呢？

代码

你现有的数据包括全部字段名称，以及用元组的列表组织的员工数据，每行是一个元组。现在要把字段名称添加到员工数据里，由此创建出一个由字典构成的列表，每个字典中将字段名分配给对应的值（见清单2-10）。

```
## 数据
column_names = ['name', 'salary', 'job']
db_rows = [('Alice', 180000, 'data scientist'),
           ('Bob', 99000, 'mid-level manager'),
           ('Frank', 87000, 'CEO')]

## 一行流
db = [dict(zip(column_names, row)) for row in db_rows]
```

```
## 结果
print(db)
```

清单 2-10：把元组列表改为数据库格式的一行流方案

数据库 db 打印出来的格式是怎样的？

它是如何工作的

这里使用了列表解析来创建列表。上下文由变量 db_rows 中的每一行元组组成，表达式 zip(column_names, row)把字段名跟每一行数据压缩在一起。例如，这个列表解析创建的一个元素是 zip(['name', 'salary', 'job'], ('Alice', 180000, 'data scientist'))，执行 zip 后，格式被转换为一个如下所示形式的列表：[('name', 'Alice'), ('salary', 180000), ('job', 'data scientist')]。列表中每个元素都是(键,值)的格式,所以可以通过转换函数 dict()将其转为字典，以达成所需的数据库格式。

> **注意**
> zip() 函数并不会在意一个参数是列表而另一个参数是元组，它只要求输入的是可迭代对象（列表和元组都是可迭代对象）。

下面是这段一行流程序输出的结果：

```
## 结果
print(db)
'''
[{'name': 'Alice', 'salary': 180000, 'job': 'data scientist'},
 {'name': 'Bob', 'salary': 99000, 'job': 'mid-level manager'},
 {'name': 'Frank', 'salary': 87000, 'job': 'CEO'}]
'''
```

现在每项数据都跟它的字段名建立了关联，并组装成字典的列表。在此，你学到了如何有效地使用 zip() 函数。

总结

在本章中，你掌握了列表解析、文件输入、lambda 函数、map() 和 zip() 函数、all() 量词、切片和基本的列表运算。还学会了如何利用和操作数据结构来解决各种日常问题。

轻松地来回转换数据结构与格式，是一项对你的编码生产力具有深远影响的技能。可以确信的是，随着快速操纵数据能力的提升，你的编码生产力将会突飞猛进。在本章里看到的这些看似微不足道的处理任务，实际上很可能成为压倒骆驼的最后一根稻草：真实工作中数不胜数的这类小任务，对你的整体生产力会有极大的影响。通过本章中介绍的这些基于 Python 函数和特性的小技巧，你可以获得有效的保护，不会被无尽的稻草压垮。换句话说，新获得的这些工具，能够帮你把每根稻草更快地处理掉，避免积羽沉舟的严重后果。

在下一章中，将深入研究 Python 数值计算库 NumPy 库提供的一套新工具，从而进一步提升你的数据科学研发技能。

练习 2-1 答案

下面展示了如何使用列表解析替代 map() 函数来解决同样问题，即过滤掉所有包含字符串 'anonymous' 的行。在这个案例中，我甚至更加推荐列表解析的方式，因为更快，而且看起来更干净。

```
mark = [(True, s) if 'anonymous' in s else (False, s) for s in txt]
```

3

数据科学

对现实世界进行数据分析的能力是21世纪最抢手的技能之一。在强大的硬件能力、精妙的算法和无处不在的传感器技术的帮助下,数据科学家可以从天气统计数据、金融交易、客户行为等海量的原始数据中创造出意义。当今世界上很大的公司——Google、Facebook、苹果和亚马逊——都是巨大的数据处理系统,数据处于其商业模式的核心地位。

本章介绍使用 Python 数值计算库 NumPy 来处理和分析数值数据的技能。我会为你提供 10 个实际问题,并解释如何使用一行流 NumPy 程序来解决它们。因为 NumPy 是很多数据科学和机器学习的高级库(例如 Pandas、scikit-learn 和 TensorFlow)的基础,认真学习本章将提升你在当今数据驱动的经济环境中的市场价值。所以,全神贯注开始学习吧!

基础二维数组计算

在此,将用一行代码解决一个日常的会计任务;介绍 NumPy 的一些基本功能。NumPy 如今是在数值计算和数据科学领域疯狂流行的重要基础库。

基础背景

NumPy 库的核心是 NumPy 数组(array),保存着你想要操作、分析和可视化的数据。很多高阶数据科学库,比如 Pandas,都以显式或隐式的方式依赖 NumPy 数组作为其基础。NumPy 数组类似于 Python 的列表,但有一些额外的优势。首先,NumPy 数组占用内存比较小,在大多数情况下速度更快。其次,NumPy 数组在访问具有两个以上的轴(axis)的高维数据时会很方便。相比之下,Python 列表要访问和修改高维数据会比较麻烦。第三,NumPy 数组拥有一些更加强大的数组操作功能,例如广播。你会在本章中学到更多的相关内容。

清单 3-1 演示了如何创建一维、二维和三维的 NumPy 数组。

```
import numpy as np

# 从列表创建一个一维数组
a = np.array([1, 2, 3])
print(a)
"""
[1 2 3]
"""

# 从一个列表的列表创建一个二维数组
b = np.array([[1, 2],
              [3, 4]])
print(b)
"""
[[1 2]
 [3 4]]
"""

# 从一个列表的列表的列表创建一个三维数组
c = np.array([[[1, 2], [3, 4]],
```

```
                [[5, 6], [7, 8]]])
print(c)
"""
[[[1 2]
  [3 4]]

 [[5 6]
  [7 8]]]
"""
```

清单 3-1：在 NumPy 中创建一维、二维和三维的数组

　　首先从导入 NumPy 库开始，将其导入名字空间并命名为 np，这是该库实际的标准名称。导入库后，通过向函数 np.array() 传入一个标准的 Python 列表作为参数，来创建一个 NumPy 数组。一维数组对应了一个简单的数值型列表（实际上，NumPy 数组也可以包含其他类型的数据，但这里我们只关注数值类型），二维数组则对应于一个嵌套的数值列表。可以从左括号和右括号的数量看出 NumPy 数组的维度。

　　NumPy 数组比 Python 内建的列表更强大。例如，你可以在两个 NumPy 数组上应用基本的算术运算符 +、-、*和 /。数组算术运算会作用于相应元素上，通过把两个数组 a 和 b 中对应的元素进行计算（比如说用 + 操作符将它们相加），来生成针对两个数组的计算结果。换句话说，对应元素的算术运算会将数组 a 和 b 中处于相同位置的两个元素聚合在一起。清单 3-2 显示了对二维数组进行基本算术运算的例子。

```
import numpy as np

a = np.array([[1, 0, 0],
              [1, 1, 1],
              [2, 0, 0]])

b = np.array([[1, 1, 1],
              [1, 1, 2],
              [1, 1, 2]])

print(a + b)
"""
[[2 1 1]
 [2 2 3]
```

```
 [3 1 2]]
"""

print(a - b)
"""
[[ 0 -1 -1]
 [ 0  0 -1]
 [ 1 -1 -2]]
"""

print(a * b)
"""
[[1 0 0]
 [1 1 2]
 [2 0 0]]
"""

print(a / b)
"""
[[1.  0.  0. ]
 [1.  1.  0.5]
 [2.  0.  0. ]]
"""
```

清单 3-2：数组的基本算术运算

注意

当你将 NumPy 运算符应用于整数数组时，它也会尝试生成整数数组作为结果。只有对两个整数数组使用除法运算符 `a / b` 时，结果才会是一个浮点数组，可以从数字后的小数点看出来：`1.`、`0.` 和 `0.5`。

如果仔细观察，你会发现每个操作实际上是在元素的层面上合并两个 NumPy 数组。当把两个数组相加时，结果是一个新的数组：每个位置的值都是前两个数组对应位置上的元素的和。使用减法、乘法和除法时也是如此。

NumPy 提供了更丰富的操作数组的能力，比如 np.max() 函数，它计算 NumPy 数组中所有元素的最大值。mp.min() 函数则计算 NumPy 数组中所有元素的最小值。np.average() 函数计算 NumPy 数组中所有元素的平均值。

清单 3-3 给出了这三种操作的例子。

```python
import numpy as np

a = np.array([[1, 0, 0],
              [1, 1, 1],
              [2, 0, 0]])

print(np.max(a))
#2

print(np.min(a))
#0

print(np.average(a))
# 0.6666666666666666
```

清单 3-3：计算 NumPy 数组的最大值、最小值和平均值

这个 NumPy 数组中所有数值的最大者为 2，最小值为 0，平均值是 (1 + 0 + 0 + 1 + 1 + 1 + 2 + 0 + 0) / 9 = 2/3。NumPy 还有很多其他的强大工具，但用这些已经足以解决下面的问题：给定一群人的年薪和税率，如何找到其中税后收入最高的人？

代码

让我们基于 Alice、Bob 和 Tim 的工资数据来搞定这个问题。看上去 Bob 在过去三年中一直在享受最高的工资，但是，考虑到我们这三位朋友的个人税率，他带回家的钱是否真的最多呢？请看清单 3-4。

```python
## 依赖
import numpy as np

## 数据：[2017, 2018, 2019] 这三年的年度收入(以$1000 为单位)
alice = [99, 101, 103]
bob = [110, 108, 105]
tim = [90, 88, 85]
```

```
salaries = np.array([alice, bob, tim])
taxation = np.array([[0.2, 0.25, 0.22],
                     [0.4, 0.5, 0.5],
                     [0.1, 0.2, 0.1]])

## 一行流
max_income = np.max(salaries - salaries * taxation)

## 结果
print(max_income)
```

清单 3-4：使用数组算术运算的一行流解决方案

猜猜看，这段代码的输出结果是什么？

它是如何工作的

导入 NumPy 库后，把数据放到一个二维的 NumPy 数组中，这个数组有三行（Alice、Bob、Tim 每人一行）和三列（2017、2018、2019 每年一列）。有两个二维数组，salaries 保存了每人每年的收入，taxation 保存了每人每年对应的税率。

为了计算税后收入，需要从存储在数组 salaries 中的总收入中扣除税款（以美元数额的形式）。为此，需要使用 NumPy 重载过的运算符-和*，在 NumPy 数组上进行针对元素的算术运算。

两个多维数组的对应元素相乘得到的结果称为哈达玛积（Hadamard product）。

清单 3-5 展示了从总收入的 NumPy 数组中扣除税款之后的情况。

```
print(salaries - salaries * taxation)
"""
[[79.2  75.75 80.34]
 [66.   54.   52.5 ]
 [81.   70.4  76.5 ]]
"""
```

清单 3-5：数组的算术运算

在这里，可以看到 Bob 的大额收入在支付 40%和 50%的税率后被大大缩减，如第二行所示。

接下来，代码打印了这个计算结果数组中的最大值。np.max() 函数找到数组中的最大值并保存在变量 max_income 中。因此，最大的一笔收入是 Tim 在 2017 年的 90000 美元，仅被征税 10%，一行流代码给出的税后结果是 81.（同样，这里的小数点代表浮点类型）。

已经利用 NumPy 基本的针对相应元素的数组运算，分析了一群人的税后收入。接下来,让我们用类似的示例数据集来引入一些中级的 NumPy 概念,例如切片和广播。

使用 NumPy 数组：切片、广播和数组类型

这个一行流程序会展示三个有趣的 NumPy 特性：切片、广播和数组类型。我们的数据是一个由多种职业和薪水组成的数组，你将把这三种概念结合起来使用：目标是每隔一年把数据科学家的薪水提升 10%。

基础背景

解决这个问题的关键，是在一个有多行数据的 NumPy 数组中，修改一些特定的值。先来探索一下要解决这个问题所需要的基础知识。

切片和索引

NumPy 中的切片和索引与 Python 中的切片与索引类似（见第 2 章）：通过使用方括号语法[ ]指定索引或索引范围，可以访问一维数组中的若干元素。例如索引操作 x[3]返回 NumPy 数组 x 的第 4 个元素（因为索引 0 访问第一个元素）。

也可以使用以逗号分隔的索引来访问多维数组，每个索引对应了一个不同维度。例如,索引操作 y[0,1,2]会从第 1 个轴上的第 1 个索引、第 2 个轴上的第 2 个索引、第 3 个轴上的第 3 个索引去访问元素。注意,该语法对 Python 的多维列表是无效的。

继续学习 NumPy 中的切片。研究一下清单 3-6 中的例子，以掌握 NumPy 的一维切片。如果你对理解这些例子有困难，可以回到第 2 章，重温一下 Python 切片的基础知识。

```
import numpy as np

a = np.array([55, 56, 57, 58, 59, 60, 61])
print(a)
# [55 56 57 58 59 60 61]

print(a[:])
# [55 56 57 58 59 60 61]

print(a[2:])
# [57 58 59 60 61]

print(a[1:4])
# [56 57 58]

print(a[2:-2])
# [57 58 59]

print(a[::2])
# [55 57 59 61]

print(a[1::2])
# [56 58 60]

print(a[::-1])
# [61 60 59 58 57 56 55]

print(a[:1:-2])
# [61 59 57]

print(a[-1:1:-2])
# [61 59 57]
```

清单 3-6：一维切片的例子

下一步是要充分理解多维切片。跟索引类似，你可以在每个轴上分别进行一维切片操作（用逗号分隔）以选择该轴上某个范围内的元素。花点时间，彻底地理解一下清单 3-7 中的例子。

```
import numpy as np
a = np.array([[0, 1, 2, 3],
              [4, 5, 6, 7],
              [8, 9, 10, 11],
              [12, 13, 14, 15]])

print(a[:, 2])
# 第三列: [ 2 6 10 14]

print(a[1, :])
# 第二行: [4 5 6 7]

print(a[1, ::2])
# 第二行，间隔取值: [4 6]

print(a[:, :-1])
#所有的行，但不带最后一列:
# [[ 0  1  2]
# [ 4  5  6]
# [ 8  9 10]
# [12 13 14]]

print(a[:-2])
# 跟 a[:-2, :] 一样
# [[ 0  1  2  3]
# [ 4  5  6  7]]
```

清单 3-7：多维切片的例子

好好研究一下清单 3-7，直到完全理解这段多维切片的代码。a[slice1, slice2] 可以用来执行二维切片，而每多出一个额外的维度，只需要在方括号里再加上一个由逗号分隔的切片操作（即 start:stop 或 start:stop:step 这样的切片操作符），每个切片都会从其对应的维度中选出一个独立的元素子序列。只要明白了这个基本思想，从一维扩展到多维切片是很容易理解的。

3 数据科学　　63

广播

广播(broadcasting)描述了一种自动处理过程,它可以将两个 NumPy 数组变为相同的形状(shape),这样就可以对它们进行相应元素的算术运算。广播跟 NumPy 数组的形状属性密切相关,形状又与轴的概念密切相关。所以,接下来让我们深入了解一下轴、形状和广播。

每个数组都包含了若干个轴,每个轴对应了一个维度(清单3-8)。

```
import numpy as np

a = np.array([1, 2, 3, 4])
print(a.ndim)
# 1

b = np.array([[2, 1, 2], [3, 2, 3], [4, 3, 4]])
print(b.ndim)
# 2

c = np.array([[[1, 2, 3], [2, 3, 4], [3, 4, 5]],
              [[1, 2, 4], [2, 3, 5], [3, 4, 6]]])
print(c.ndim)
# 3
```

清单3-8:3 个 NumPy 数组中的轴与维度

在这里,可以看到 3 个数组:a、b 和 c。数组属性 ndim 存储了这个特定的数组的轴数,程序中把它们都打印到了命令行里。数组 a 是一维的,数组 b 是二维的,而数组 c 是三维的。每个数组有一个相关联的形状(shape)属性:由每个轴的元素数构成的元组。对于一个二维数组,这个元组里有两个值,分别是行数和列数。对于更高维的数组,元组里的第 i 个值指明了第 i 个轴上的元素数。因此,该元组的元素数量就是这个 NumPy 数组的维度。

注意

如果增加了一个数组的维度(比如说从二维到三维数组),新的轴将变成第 0 个轴,而原来的低维数组的第 i 个轴将变成高维数组的第 $i + 1$ 个轴。

清单 3-9 展示了清单 3-8 中的数组的形状（shape）属性。

```
import numpy as np

a = np.array([1, 2, 3, 4])
print(a)
"""
[1 2 3 4]
"""
print(a.shape)
# (4,)

b = np.array([[2, 1, 2], [3, 2, 3], [4, 3, 4]])
print(b)
"""
[[2 1 2]
 [3 2 3]
 [4 3 4]]
"""
print(b.shape)
# (3, 3)

c = np.array([[[1, 2, 3], [2, 3, 4], [3, 4, 5]],
              [[1, 2, 4], [2, 3, 5], [3, 4, 6]]])
print(c)
"""
[[[1 2 3]
  [2 3 4]
  [3 4 5]]

 [[1 2 4]
  [2 3 5]
  [3 4 6]]]
"""
print(c.shape)
# (2, 3, 3)
```

清单 3-9：一维、二维和三维 NumPy 数组的形状属性

在这里，可以看到形状属性比 ndim 属性包含的信息要多得多。每个数组的

shape 属性都是其每个轴的元素数组成的元组：

- 数组 a 只有一维，形状元组也就只有一个元素，代表数组的列数（4 个）。
- 数组 b 是二维的，所以形状元组有两个元素，分布表示数组的行数和列数。
- 数组 c 是三维的，所以形状元组有 3 个元素，每个轴对应一个。轴 0 有两个元素（每个元素是一个二维数组），轴 1 有三个元素（每个元素是一个一维数组），轴 2 有三个元素（每个元素都是一个整数值）。

现在，了解了形状属性，就能更容易把握广播的一般用法：通过重新排列数据，把两个数组变成相同的形状。让我们看下广播是如何工作的。当我们对不同形状的 NumPy 数组进行对应元素运算时，广播会自动解决形状不匹配的问题。例如，当把乘法运算符*应用于 NumPy 数组之间时，通常会执行对应元素的乘法。但如果左右数据不匹配，比如左边是一个 NumPy 数组，右边是一个浮点数，会怎么办？在这种情况下，NumPy 不会抛出错误，而是自动从右边的数据中创建一个新的数组。新数组的大小和维度跟左边数组的相同，并且包含了同样的浮点数。

因此，广播是一种为了进行对应元素运算，而将低维数组转为高维数组的操作。

同质

NumPy 数组是同质的，意思是数组中所有元素都必须是相同的类型。下面是数组可能的数据类型（非数组独有）的列表。

bool Python 中的布尔类型（1 字节）。

int Python 中的整数类型（默认大小：4 或 8 字节）。

float Python 中的浮点类型（默认大小：8 字节）。

complex Python 中的复数类型（默认大小：16 字节）。

np.int8 一种整数类型（1 字节）。

np.int16 一种整数类型（2 字节）。

np.int32 一种整数类型（4 字节）。

np.int64 一种整数类型（8 字节）。

`np.float16` 一种浮点类型（2 字节）。

`np.float32` 一种浮点类型（4 字节）。

`np.float64` 一种浮点类型（8 字节）。

清单 3-10 展示了如何创建出不同数据类型的 NumPy 数组。

```
import numpy as np

a = np.array([1, 2, 3, 4], dtype=np.int16)
print(a) # [1 2 3 4]
print(a.dtype) # int16

b = np.array([1, 2, 3, 4], dtype=np.float64)
print(b) # [1. 2. 3. 4.]
print(b.dtype) # float64
```

清单 3-10：不同数据类型的 NumPy 数组

这段代码中有两个数组，a 和 b。第一个数组 a 的数据类型是 `np.int16`，里面的数字都是整数类型（数字后面没有小数点）。具体一点说，要是打印数组 a 的 `dtype` 属性，会得到结果 `int16`。

第二个数组 b 是 `float64` 数据类型，所以即使创建数组的时候传进去的是整数列表，NumPy 仍然会把数组类型转为 `np.float64`。

从这里可以得到两个重要的启示：首先，NumPy 数组的数据类型是可控的；其次，NumPy 数组是同质的。

代码

现在手上有各种职业的数据，而你希望每隔一年将数据科学家的工资提高 10%。清单 3-11 给出了代码。

```
## 依赖
import numpy as np

## 数据：年收入($1000) [2025, 2026, 2027]
```

```
dataScientist      = [130, 132, 137]
productManager     = [127, 140, 145]
designer           = [118, 118, 127]
softwareEngineer   = [129, 131, 137]

employees = np.array([dataScientist,
                      productManager,
                      designer,
                      softwareEngineer])

## 一行流
employees[0,::2] = employees[0,::2] * 1.1

## 结果
print(employees)
```

清单 3-11：使用切片和切片赋值的一行流

花点时间思考下这段代码做了些什么。你觉得哪些数据被改变了？得到的数组数据类型是什么？代码的输出结果是什么？

它是如何工作的

你被这段代码带到了 2024 年。首先，创建了一个 NumPy 数组，每一行对应了一个职业（数据科学家、产品经理、设计师、软件工程师）的预期年薪。每一列则对应了 2025、2026 和 2027 年各年的年薪。由此得到的 NumPy 数组有四行三列。

你有一些可调配的资金，用以加强公司里最重要的专业能力。你十分看好数据科学的未来，所以决定去奖励公司里那些幕后英雄：数据科学家。你想要更新这个 NumPy 数组，从 2025 年开始，对数据科学家的工资每隔一年就增加 10%（非累加）。

写出下面这个漂亮的一行流：

```
employees[0,::2] = employees[0,::2] * 1.1
```

看起来简单而干净，输出结果如下所示：

```
[[143 132 150]
 [127 140 145]
 [118 118 127]
 [129 131 137]]
```

虽然看着简单,但这句一行流里面有三个有趣的高级概念在起作用。

切片

首先,使用了**切片**和**切片赋值**的概念。在这个例子中,使用切片来获取 employees 这个 NumPy 数组中第一行数据,每间隔一个取出一个。然后对其进行一些修改,并使用分片赋值更新了第一行中这些间隔的值。切片赋值使用的语法跟切片的相同,但有一个关键的区别:在切片赋值中,在赋值符号的左边用切片选择元素,这些元素将被赋值符号右边的元素替换。在这段代码中,用更新后的年薪数据替换了这个 NumPy 数组中第一行的某些元素。

广播

其次,使用广播,自动兼容了不同形状 NumPy 数组之间的元素级操作。在这个单行程序中,操作符左边是一个 NumPy 数组,而右边是一个浮点数。跟之前广播的行为类似,NumPy 会自动创建一个新的数组,使其与左边的数组大小与维度相同,并使用该浮点数的副本进行填充(只是概念上的虚拟副本,并没有真正副本)。NumPy 实际执行的计算更像是下面这样的:

```
np.array([130 137]) * np.array([1.1, 1.1])
```

数组类型

第三,你可能已经意识到,即使在执行浮点算术运算,得到的数据类型也不是浮点而是整数型。在创建数组时,NumPy 意识到它只包含整数值,于是会假设它是一个整数数组。对这个整数数组进行的任何操作都不会改变数据类型,NumPy 只会将其向下取整转为整数值。同样,你也可以用 dtype 属性来获取数组的类型:

```
print(employees.dtype)
# int32
```

```
employees[0,::2] = employees[0,::2] * 1.1
print(employees.dtype)
# int32
```

总之,你已经学到了切片、切片赋值、广播和 NumPy 数组类型——在一段单行程序中学到这么多已经相当不错了。在此基础上,解决一个小型数据科学问题,一个在现实世界有意义的问题:检测不同城市的污染测量数据中的异常值。

使用条件数组查询、过滤和广播检测异常值

在下面这个单行程序中,需要研究城市空气质量数据。具体地说,给定一个二维 NumPy 数组,其中的行是不同城市,列是不同时间的污染测量值,你要找出在测量值平均污染水平以上的城市。从本节中你将会学到用于从数据集中寻找异常值的重要技巧。

基础背景

空气质量指数(AQI)可用于测量对健康造成不良影响的危险程度,常用来比较不同城市空气质量的差异。在这个一行流程序中,将会看到四个城市的空气质量指数:香港、纽约、柏林和蒙特利尔。

这个一行流会找出污染高于平均水平的城市,其定义是,至少出现一个峰值高于所有城市的所有测量值的平均值。

解决方案中的一个关键点是如何在 NumPy 数组中找出符合某个约束条件的所有元素。这将是你在数据科学中会经常遇到的问题。

所以,来探讨一下怎样找到满足特定条件的数组元素。NumPy 提供了一个函数 nonzero(),可以得到数组中非零元素的索引。清单 3-12 给出了一个例子:

```
import numpy as np
X = np.array([[1, 0, 0],
              [0, 2, 2],
              [3, 0, 0]])
```

```
print(np.nonzero(X))
```

清单 3-12：非零函数

得到的是两个 NumPy 数组组成的元组：

```
(array([0, 1, 1, 2], dtype=int64), array([0, 1, 2, 0], dtype=int64)).
```

第一个数组给出的是非零元素的行索引，第二个数组是列索引。原二维数组中有四个非零元素：1、2、2 和 3。它们的位置是 X[0,0]、X[1,1]、X[1,2]和 X[2,0]。

现在，如何使用 nonzero() 在数组中找到满足特定条件的元素呢？你将用到另一个特别重要的 NumPy 特性：利用广播进行布尔数组计算（见清单 3-13）。

```
import numpy as np
X = np.array([[1, 0, 0],
              [0, 2, 2],
              [3, 0, 0]])

print(X == 2)
"""
[[False False False]
 [False  True  True]
 [False False False]]
"""
```

清单 3-13：NumPy 中的广播和元素级布尔操作

广播发生的时候，整数 2 被（虚拟地）拷贝到一个与上面数组形状相同的新数组中。然后，NumPy 把每个元素跟 2 进行对比，并返回一个布尔数组作为结果。

在正式代码中，你将把 nonzero() 跟布尔数组操作的特性结合起来，以找到满足特定条件的所有元素。

代码

在清单 3-14 里，你会根据数据集找出污染峰值超过平均值的那些城市。

```
## 依赖
import numpy as np

## 数据:空气质量指数 AQI (行 = city)
X = np.array(
    [[ 42, 40, 41, 43, 44, 43 ], # Hong Kong
     [ 30, 31, 29, 29, 29, 30 ], # New York
     [ 8, 13, 31, 11, 11, 9 ],  # Berlin
     [ 11, 11, 12, 13, 11, 12 ]]) # Montreal

cities = np.array(["Hong Kong", "New York", "Berlin", "Montreal"])

## 一行流
polluted = set(cities[np.nonzero(X > np.average(X))[0]])

## 结果
print(polluted)
```

清单 3-14:用到广播、布尔操作符与筛选索引的一行流方案

这段代码的输出结果是什么?

它是如何工作的

数据数组 X 包含 4 行(每行是一个城市)和 6 列(每列是一个测量单元,在本例中,即每日)。字符串数列 cities 包括四个城市名,顺序与其在数据数组中出现的顺序相同。

下面是从 AQI 观测值中找出超过均值的城市的一行流代码:

```
## 一行流
polluted = set(cities[np.nonzero(X > np.average(X))[0]])
```

在理解整体之前,首先需要理解其组成部分。为了更好地理解这个单行程序,先从内部开始解构。这行程序的核心是布尔数组操作(见清单 3-15)。

```
print(X > np.average(X))
"""
[[ True True True True True True
```

```
[ True  True  True  True  True  True]
[False False  True False False False]
[False False False False False False]]
"""
```

清单 3-15：利用广播进行布尔数组操作

使用布尔表达式的时候，广播会让两个被操作元素变为同样的形状。通过调用函数 `np.average()` 计算出 NumPy 数组中所有元素的平均 AQI 值，然后这个布尔表达式会对两个数组中每个对应元素进行比较，得出一个布尔数组。如果某个位置的测量值超过了平均 AQI 值，则布尔数组对应位置的值会是 True。

通过生成这个布尔数组，可以准确地知道，哪些元素满足了高于平均值的条件，哪些元素没有满足。

回忆一下，Python 的 `True` 值是用整数 1 表示的，`False` 值是用 0 表示的。事实上，`True` 和 `False` 的类型是 `bool`，它是 `int` 的子类。因此，每个布尔值同时也是一个整数值。根据这一点，就可以使用函数 `nonzero()` 来找出所有符合条件的行和列的索引，像这样：

```
print(np.nonzero(X > np.average(X)))
"""
(array([0, 0, 0, 0, 0, 0, 1, 1, 1, 1, 1, 1, 2], dtype=int64),
 array([0, 1, 2, 3, 4, 5, 0, 1, 2, 3, 4, 5, 2], dtype=int64))
"""
```

得到两个元组，第一个给出了非零元素的行索引，第二个给出了它们对应的列索引。

只需要查找那些高于平均 AQI 值的城市名称，不用其他的信息，所以只会用到行索引。可以使用高级索引，从城市字符串列表中提取出需要的名字。高级索引是一种索引技术，它允许你定义一个序列作为数组的索引，而不用是连续的切片。这样，就可以通过指定一个整数序列（代表要选择的索引）或者一个布尔值的序列（选择对应布尔值为 `True` 的那些索引）这两种方式来访问 NumPy 数组中的任何元素：

```
print(cities[np.nonzero(X > np.average(X))[0]])
"""
```

```
['Hong Kong' 'Hong Kong' 'Hong Kong' 'Hong Kong' 'Hong Kong' 'Hong Kong'
 'New York' 'New York' 'New York' 'New York' 'New York' 'New York'
 'Berlin']
"""
```

注意，生成的字符串序列中有很多重复字符串，因为香港和纽约有多个高于平均水平的 AQI 测量值。

现在，只剩下一件事情：删除重复的内容。可以通过把序列转换为 Python 集合来完成。在默认情况下，集合没有重复元素。它给出了所有污染水平超过平均 AQI 值的城市简要列表。

> **练习 3-1**
> 回到"二维数组基本算术运算"中的计税案例，利用选择性布尔索引的思想，从矩阵中提取出薪水最高的人。回顾一下问题：给定年薪和税率，如何在一群人中找到税后收入最高的人？

总结一下，你学会了如何在 NumPy 数组上使用布尔表达式（并再次用到了广播）和 nonzero() 函数去寻找满足某些条件的行或者列。把这段一行流代码的环境保存一下，继续探索，接下来是对社交媒体影响者的分析。

使用布尔索引过滤二维数组

在这里，通过从一个小数据集中提取超过一亿关注者的 Instagram 用户，来加深对数组索引和广播的理解。具体地说，给定一个二维数组，每行是一个影响者数据，第一列字符串定义了影响者的名字，第二列定义了影响者的粉丝数，需要找到粉丝数超过一亿的影响者的名字！

基础背景

NumPy 数组通过附加功能，如多维切片和多维索引，大大丰富了基本的列表数据类型，看一下清单 3-16 中的代码片段。

```
import numpy as np
a = np.array([[1, 2, 3],
              [4, 5, 6],
              [7, 8, 9]])

indices = np.array([[False, False, True],
                    [False, False, False],
                    [True, True, False]])
print(a[indices])
# [3 7 8]
```

清单 3-16：NumPy 中的选择性（布尔）索引

创建了两个数组：a 包含二维的数值数据（可以把它看作**数据数组**），indices 包含一堆布尔值（可以把它看作**索引数组**）。NumPy 的一个强大的特性是，可以使用布尔数组对数据数组进行细粒度访问。简单地说，可以创建出这样一个新的数组，这个数组只包含数据数组 a 中的某些元素，这些元素在索引数组 indices 的对应位置上的值为 True。也就是说，如果 indices[i,j] == True，那么新数组将会包含元素 a[i,j]。类似地，如果 indices[i,j] == False，则新数组中不会包含 a[i,j]。因此，最后得到的数组包含了三个值，3、7 和 8。

在接下来的一行流中，将利用这个特性对社交网络数据做一次简单的分析。

代码

在清单 3-17 中，要找出那些粉丝数在一亿以上的 Instagram 超级明星！

```
## 依赖
import numpy as np

## 数据：Instagram 粉丝数（单位为百万）
inst = np.array([[232, "@instagram"],
                 [133, "@selenagomez"],
                 [59,  "@victoriassecret"],
                 [120, "@cristiano"],
                 [111, "@beyonce"],
                 [76,  "@nike"]])
## 一行流
```

```
superstars = inst[inst[:,0].astype(float) > 100, 1]

## 结果
print(superstars)
```

清单 3-17：使用切片、数组类型和布尔操作符的一行流方案

和往常一样，在阅读代码解释之前，先看看你能不能在脑子里计算出这个一行流的结果。

它是如何工作的

数据的形式是一个二维数组 inst，每一行都代表了一个 Instagram 影响者。第一列表示他们的粉丝数（以百万为单位），第二列代表他们的 Instagram 用户名。而你需要从这组数据中提取出粉丝数超过一亿的 Instagram 影响者的名字。

有很多办法都可以在一行中解决这个问题。下面的方式是最简单的一个：

```
## One-liner
superstars = inst[inst[:,0].astype(float) > 100, 1]
```

让我们一步步地解构这个一行流。内部的这个表达式计算了一个布尔值，表示每个影响者是否有超过一亿的粉丝：

```
print(inst[:,0].astype(float) > 100)
# [ True  True False  True  True False]
```

粉丝数存储在第一列中，所以需要使用切片取出这些数据，通过 `inst[:,0]` 就会得到所有行的第一列。不过，由于这个数据数组包含了混合的数据类型（整数和字符串），NumPy 会自动为这个数组分配一个非数值类型，原因是数值类型将无法使用其中的字符串数据，所以 NumPy 自动转换为可以表示数组中所有数据（数值和字符串）的类型。而你想要对数据数组的第一列进行数值比较，以检查每个数值是否大于 100，所以首先得用 `.astype(float)` 把切片生成的数组转为浮点类型。

接下来，要检查生成的 NumPy 数组里的浮点值是否都大于整数 100。这里，NumPy 再次使用广播把两个操作对象自动转为相同的形状，以对逐个元素进行对比。

结果是一个布尔型的数组，对应了 4 个粉丝数超过一亿的影响者。

现在，拿这个布尔数组（也被称为**掩码索引数组**），通过布尔索引，从数据数组中选出粉丝数超一亿的影响者（行）。

```
inst[inst[:,0].astype(float) > 100, 1]
```

你只对这些超级明星的名字感兴趣，所以选择这些行的第二列作为最终结果，并存储在 superstars 变量中。

在数据集中拥有超过一亿 Instagram 粉丝的影响者如下所示：

```
# ['@instagram' '@selenagomez' '@cristiano' '@beyonce']
```

总结一下，已经把 NumPy 的概念，如切片、广播、布尔索引和数据类型转换等，应用在社交媒体分析中的一个小型数据科学问题中。接下来，将了解物联网中的一个新的应用场景。

使用广播、切片赋值和重塑清洗固定步长的数组元素

现实世界的数据很少是干净的，可能会包含错误或缺少的值，原因有很多，比如数据损坏或者传感器故障。在本节中，将学习怎样进行小型的清理任务，以消除错误的数据点。

基础背景

假设你在花园里安装了一个温度传感器，来测量若干周的温度数据。每个星期天，把温度传感器从花园拿回室内，将传感器的测量值数字化。因此你知道每周日传感器的值是有问题的，因为当天的部分时间里，它测的是室内的温度而不是外面的。

用七天测到的平均值来替换每个周日的值，以清洗错误数据（把周日的值也纳入平均值计算，因为它也不是完全错误的）。在深入研究代码之前，先来探讨一些最重要的概念，来作为需要了解的基础知识。

切片赋值

通过 NumPy 的切片赋值功能，可以在等式的左边指定你想要替换掉的值，在右边写上你想要替换为的值。清单 3-18 提供了一个例子：

```
import numpy as np

a = np.array([4] * 16)
print(a)
# [4 4 4 4 4 4 4 4 4 4 4 4 4 4 4 4]

a[1::] = [42] * 15
print(a)
# [ 4 42 42 42 42 42 42 42 42 42 42 42 42 42 42 42]
```

清单 3-18：创建原生 Python 列表并用于切片赋值

这段代码片段创建了一个包含 16 个数值 4 的数组，使用切片赋值把最后 15 个值替换成了 42。回忆一下，a[start:stop:step]会选择从 start 开始、到 stop 结束（不含）、每 step 步长取一个元素所形成的序列。对于没有指定的参数，NumPy 会使用默认值。a[1::]会替换掉除第一个之外的整个序列的元素。清单 3-19 显示了如何把切片赋值跟一个已经见过多次的特性结合使用。

```
import numpy as np

a = np.array([4] * 16)

a[1:8:2] = 16
print(a)
# [ 4 16  4 16  4 16  4 16  4  4  4  4  4  4  4  4]
```

清单 3-19：NumPy 中的切片赋值

这里，把 1 和 8 之间（不含 8）相间的值进行了替换。然后发现，只需要指定一个单独的值，16，就可以替换掉所有选中的元素，为什么呢——你猜得没错——因为发生了广播！等式的右边会自动变换为与左边数组形状相同的 NumPy 数组。

重塑（reshape）

在深入这个一行流之前，你需要了解一个重要的 NumPy 函数：x.reshape((a,b))函数。它可以把 NumPy 数组 x 转换为一个具有 a 行和 b 列的新 NumPy 数组（即形状变为(a,b)）。这里是一个例子：

```
a = np.array([1, 2, 3, 4, 5, 6])

print(a.reshape((2, 3)))
'''
[[1 2 3]
 [4 5 6]]
'''
```

如果给定的列数不准确，也可以让 NumPy 自动完成计算列数的工作。比如说把一个包含 6 个元素的数组重塑为有两行的二维数组，NumPy 可以自动计算出需要 3 列以匹配原始数组中的 6 个元素。这里是一个例子：

```
a = np.array([1, 2, 3, 4, 5, 6])

print(a.reshape((2, -1)))
'''
[[1 2 3]
 [4 5 6]]
'''
```

形状中代表列数的参数值 -1 表示 NumPy 应该用正确的列数（也就是 3）来替换它。

轴参数（axis argument）

最后，来看看下面介绍轴参数的代码示例。这里的数列 solar_x 包含了 Elon Musk 的 SolarX 公司每天的股价。如果想计算早上、中午和晚上的平均股价，应该怎么做呢？

```
import numpy as np

# 每日股价
```

```
# [早, 中, 晚]
solar_x = np.array(
    [[1, 2, 3], # 今天
     [2, 2, 5]]) # 昨天

#中午 - 加权平均
print(np.average(solar_x, axis=0))
# [1.5 2.  4. ]
```

数组 `solar_x` 由 SolarX 公司的股价构成，有两行（每天一行）三列（每个时段一列）。假设计算早上、中午和晚上的平均股价，粗略地讲，也就是用平均值的方式把每列的所有数值压缩成一个。换句话说，沿轴 0 的方向计算平均值。这正是关键字参数 `axis=0` 所做的事情。

代码

你已经学到了所有的准备知识，现在可以来解决下面的问题了（清单 3-20）：给定一个温度值数组，把所有第 7 个温度值用过去 7 天的平均值（包括第 7 天）代替。

```
## 依赖
import numpy as np

## 传感器数据 (Mo, Tu, We, Th, Fr, Sa, Su)
tmp = np.array([1, 2, 3, 4, 3, 4, 4,
                5, 3, 3, 4, 3, 4, 6,
                6, 5, 5, 5, 4, 5, 5])

## 一行流
tmp[6::7] = np.average(tmp.reshape((-1,7)), axis=1)

## 结果
print(tmp)
```

清单 3-20：使用平均值函数、重塑操作、切片赋值和轴参数的一行流方案

你能心算出这段代码的结果吗？

它是如何工作的

传感器测量数据是以一维数组的形状被采集的。

首先，用一维的传感器数值序列创建了数据数组 tmp，每一行代码定义了 7 个传感器数值，代表一周的 7 天。

其次，用切片赋值来替换掉数组中所有周日的值。使用了表达式 tmp[6::7]，从原始数组 tmp 的第 7 个值开始，选择出所有对应于周日的值。

第三步，把这个一维的传感器数组重塑（reshape）为 7 列 3 行的二维数组，这样可以更方便地计算出每周的平均值，以替换周日的数据。重塑之后，就可以把每行中的所有 7 个值合并成一个平均值。为了重塑该数组，需要把元组值 -1 和 7 传给 tmp.reshape()，这组参数会告诉 NumPy 去自动决定重塑的行数（轴 0 的长度），简单地说，指定了 7 列，NumPy 就会创建一个 7 列的数组，需要多少行就创建多少行。在本例中，重塑后的数组是下面这样的：

```
print(tmp.reshape((-1,7)))
"""
[[1 2 3 4 3 4 4]
 [5 3 3 4 3 4 6]
 [6 5 5 5 4 5 5]]
"""
```

每行表示一周的七天，每列表示星期几。

现在可以使用带有轴参数的 np.average() 函数把每行压缩成一个平均值，以计算每七天的平均温度。轴参数 axis=1 告诉 NumPy 要沿第二个轴的方向压缩成平均值。注意，周日的值也包含在平均值计算中（参见本节开头的问题描述）。这就是等式右边的计算结果：

```
print(np.average(tmp.reshape((-1,7)), axis=1))
# [3. 4. 5.]
```

本节的一行流，目的是替换掉三个周日的温度值，所有其他的温度值应该保持不变。我来看看是否达成了这个目标。在替换所有的周日传感器数值之后，得到了这个一行流的最终结果，如下所示：

```
# [1 2 3 4 3 4 3 5 3 3 4 3 4 4 6 5 5 5 4 5 5]
```

可以看到，最后得到的仍然是由所有传感器温度值组成的一维 NumPy 数组，不过现在已经把没有代表性的读数，替换成了更具有代表性的数值。

总结一下，这个一行流的目的是为了帮你夯实有关数组形状与重塑的概念，并掌握如何在聚合函数如 `np.average()` 中使用轴参数。虽然本节中的场景比较具体，但这些方法在很多情况下都会有用。接下来，将学习一个超级常见的概念：NumPy 中的排序。

NumPy 中何时使用 sort()函数，何时使用 argsort()函数

在大量的实际场景中，排序都十分有用，甚至是必不可少的。比方说要从书架上寻找《Python 一行流》，如果书架是按标题的字典序排序的，那就会容易得多。

这个一行流解决方案将展示在 NumPy 中如何用一行 Python 完成排序。

基础背景

在商业计算、操作系统中的进程调度（优先级队列）以及搜索算法等各种高级应用中，排序都处于核心的位置。幸运的是，NumPy 提供了各种排序算法，默认使用的是流行的**快速排序**。在第 6 章中，你将学习如何自己实现快排算法。不过，在本节的一行流中，只会用到高层级的方式，把排序算法视为黑盒，往里丢一个 NumPy 数组，拿出一个排好序的 NumPy 数组。

图 3-1 展示了算法如何把一个未排序的数组转换成一个排好序的数组，这正是 NumPy 的 `sort()`函数的目的。

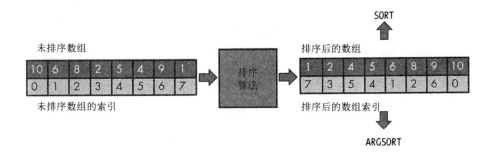

图 3-1：sort() 和 argsort() 函数的区别

但很多时候，对未排序数组进行排序时，获取其排序索引也很重要。比如说，未排序数组中的元素 1 的索引是 7，因为这个元素 1 是已排序数组的第一个元素，那么它的索引 7 也是已排序索引的第一个元素。这就是 NumPy 的 argsort() 函数做的事情：它在排序后创建一个原数组的索引组成的数组（见图 3-1 的例子）。简单地说，这些索引的次序对原数组进行了排序。通过使用这个数组，可以重新构建排序后数组与未排序数组。

清单 3-21 展示了 NumPy 中 sort() 和 argsort() 的使用方法。

```
import numpy as np

a = np.array([10, 6, 8, 2, 5, 4, 9, 1])

print(np.sort(a))
# [ 1  2  4  5  6  8  9 10]

print(np.argsort(a))
# [7 3 5 4 1 2 6 0]
```

清单 3-21：NumPy 中 sort() 和 argsort() 的使用方法

创建一个未排序的数组 a，使用 np.sort(a) 可以对其排序，使用 np.argsor(a) 可以获取以新的顺序排列的原索引。NumPy 的 sort() 函数与 Python 原生的 sorted() 函数不同之处在于，它还可以对多维数组进行排序！

图 3-2 展示了对一个二维数组进行排序的两种方式。

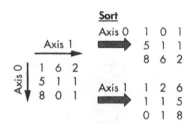

图 3-2：沿其中一条轴进行排序

这个数组有两条轴：轴 0（所有行）和轴 1（所有列）。

你可以沿着轴 0 的方向排序，也被称为垂直排序；或者沿着轴 1，也就是水平排序。一般来说，关键字参数 axis 会定义沿什么方向来进行 NumPy 的各种操作。清单 3-22 展示了如何做到这一点。

```
import numpy as np

a = np.array([[1, 6, 2],
              [5, 1, 1],
              [8, 0, 1]])

print(np.sort(a, axis=0))
"""
[[1 0 1]
 [5 1 1]
 [8 6 2]]
"""

print(np.sort(a, axis=1))
"""
[[1 2 6]
 [1 1 5]
 [0 1 8]]
"""
```

清单 3-22：沿特定轴向进行排序

可选的轴参数（axis）帮助你沿着固定的方向对 NumPy 数组进行排序。首先，沿着列的方向排序，最小的排在最前面。然后按行的方向又排了一次。这就是 NumPy

的 sort() 函数与 Python 内建 sorted() 函数相比的主要优势。

代码

这个一行流可以找到 SAT 分数最高的三名学生的名字。注意，你想要知道的是学生的名字，而不是排序的 SAT 分数。看一下数据部分，试试能不能自己找到一行流解决方案。试过之后，可以继续看清单 3-23。

```
## 依赖
import numpy as np

## 数据：不同学生的 SAT 分数
sat_scores = np.array([1100, 1256, 1543, 1043, 989, 1412, 1343])
students = np.array(["John", "Bob", "Alice", "Joe", "Jane", "Frank", "Carl"])

## 一行流
top_3 = students[np.argsort(sat_scores)][:-4:-1]

## 结果
print(top_3)
```

清单 3-23：使用 argsort() 和负步长值切片的一行流方案

和往常一样，请尝试自己判断输出结果。

它是如何工作的

初始数据是 SAT 分数的一维数据数组，以及对应学生名字的数组。例如，John 取得了 1100 分，还不错的 SAT 分数；而 Frank 取得了 1412 分的优秀成绩。

任务是找到三个最成功的学生名字。完成这个任务的方式不是简单地对 SAT 分数进行排序，而是要通过 argsort() 函数，获得原始数组的索引在排序后的新位置所构成的数组，并用它来解决问题。

这里是 argsort() 函数对 SAT 分数进行排序后的结果：

```
print(np.argsort(sat_scores))
# [4 3 0 1 6 5 2]
```

需要保留这些索引,因为要从学生数组中找出对应的名字,就得知道前三名对应到初始数据是哪些位置。在输出的索引数组里,索引 4 排在首位,因为 Jane 得到了最低的 SAT 分数,989 分。注意,sort() 和 argsort() 都以升序的方式排序,从最低值到最高值。

现在有了已排序的索引,只需要根据索引,从 student 数组中取出对应的学生名字就行了。

```
print(students[np.argsort(sat_scores)])
# ['Jane' 'Joe' 'John' 'Bob' 'Carl' 'Frank' 'Alice']
```

这是 NumPy 库的一个很有用的功能:可以用高级索引改变一个序列的顺序。如果用索引取元素时传的是一个索引的序列,NumPy 就会触发高级索引的机制,并根据指定的索引序列,返回对元素重新排序后的 NumPy 数组。例如,命令 students[np.argsort(sat_scores)] 求值后实际执行的是 students[[4 3 0 1 6 5 2]],所以 NumPy 会创建如下所示的数组:

```
[students[4]    students[3]    students[0]    students[1]    students[6]    students[5]
students[2]]
```

从上面打印的结果中可以看出,Jane 的 SAT 成绩最低,Alice 的成绩最高。下面唯一需要做的事就是把名单倒过来,用简单切片提取出前三名学生名字。

```
## 一行流
top_3 = students[np.argsort(sat_scores)][:-4:-1]

## 结果
print(top_3)
# ['Alice' 'Frank' 'Carl']
```

Alice、Frank 和 Carl 的最高分分别为 1543、1412 和 1343。

小结一下,你已经了解了如何使用两个重要的 NumPy 函数:sort() 和 argsort()。接下来,将通过在实际的数据科学问题中使用布尔索引和 lambda 函数来达到对 NumPy 索引和切片的透彻理解。

如何使用 lambda 函数和布尔索引来过滤数组

真实世界的数据是嘈杂的。作为一个数据科学家，有人付你薪水就是想请你消除这些噪声、使数据易于访问，并创造意义。因此，过滤数据对于真实世界的数据科学任务至关重要。在本节中，将学习如何用一行代码写出一个最小化的过滤函数。

基础背景

要在仅仅一行程序中编写函数，那么 lambda 函数是一定会用到的。正如在第 2 章中所学到的，lambda 函数是可以在单行代码中定义的匿名函数。

lambda 参数:表达式

定义 lambda 函数时，设置一个以逗号分隔的参数列表作为输入，然后函数对表达式部分进行求值并返回结果。

让我们来探索一下，如何通过定义 lambda 函数来创建一个过滤函数，以解决问题。

代码

考虑下面的清单 3-24 所描述的问题：创建一个过滤函数，传入一个图书的列表 x 和一个最低评分 y，返回一个评分高于最低评分的潜在畅销书列表，即满足 y'>y。

```
## 依赖
import numpy as np

## 数据 (row = [title, rating])
books = np.array([['Coffee Break NumPy', 4.6],
                  ['Lord of the Rings', 5.0],
                  ['Harry Potter', 4.3],
                  ['Winnie-the-Pooh', 3.9],
                  ['The Clown of God', 2.2],
```

```
                   ['Coffee Break Python', 4.7]])

## 一行流
predict_bestseller = lambda x, y : x[x[:,1].astype(float) > y]

## 结果
print(predict_bestseller(books, 3.9))
```

清单 3-24：使用 lambda 函数、类型转换和布尔操作的一行流方案

继续读下去之前，猜一猜这段代码的输出结果是什么？

它是如何工作的

数据集由一个二维 NumPy 数组组成，其中每一行都存放了书名和用户平均打分（0.0 到 5.0 之间的浮点数）。整个评分数据集包含六本书。

这次的目标是编写一个过滤函数，将图书评分数据集 x 和阈值 y 作为输入，返回评分高于阈值 y 的图书。

x[❶x[:,1]❷.astype(float)❸> y]

参数 x 假定是一个两列的数组，图书评分数组 books 的格式正是如此。我们将使用类似清单 3-17 中的高级索引方式，来查找潜在的畅销书。

首先，切割出 NumPy 数组 x 的第二列，也就是图书评分的数据，然后调用 astype(float) 方法，把它转换为一个浮点型数组。

其次，创建了一个布尔数组，如果行索引对应的图书评分大于 y，则相应的值为 True。注意，浮点数 y 被隐式地广播到一个新的 NumPy 数组中，这样布尔运算符 > 两边的操作数都具有相同的形状。这时，就得到了一个布尔数组，代表每本书是否可认为是畅销书：x[:,1].astype(float) > y = [True True True False False True]，也就是说，前三本和最后一本是畅销书。

第三步，把这个布尔数组作为原图书评分数组的索引数组，抽取出所有评分高于阈值的图书。更具体地说，使用布尔索引 x[[True True True False False True]]得到原数组的一个子数组，其中只包含四本书：也就是对应 True 值的书。

这样，就得到了这个一行流的最终输出结果，如下所示：

```
## 结果
print(predict_bestseller(books, 3.9))
"""
[['Coffee Break NumPy' '4.6']
 ['Lord of the Rings' '5.0']
 ['Harry Potter' '4.3']
 ['Coffee Break Python' '4.7']]
"""
```

小结一下，你已经学到了如何只用布尔索引加 lambda 函数来过滤数据。接下来，将深入探索逻辑运算符，并学习一个有用的技巧，以简洁地编写逻辑与（and）运算的代码。

如何使用统计、数学和逻辑来创建高级数组过滤器

本节会向你展示最基本的异常值检测算法：如果一个观测值与平均值的偏差超过标准差，它就被认为是异常值。将通过一个分析网站数据的案例来确定活跃用户数、跳出率和平均会话持续时间（以秒为单位）。这里的跳出率是指只访问了一个网页就立刻离开网站的访问者百分比。高跳出率是个不好的信号：它可能表示这个网站很无聊或者没有帮助。需要对拿到的数据进行检查，并识别异常值。

基础背景

要解决这个异常值检测问题，首先需要学习三个基本技能：理解均值和标准差、寻找绝对值，以及进行逻辑与（and）运算。

理解均值和标准差

首先，要通过基础的统计学，一步步地明确对异常值的定义。做一个基本的假设，即所有观察到的数据都围绕一个平均值呈正态分布。例如，考虑一下数据值的序列：

```
[ 8.78087409 10.95890859  8.90183201  8.42516116  9.26643393 12.52747974
  9.70413087 10.09101284  9.90002825 10.15149208  9.42468412 11.36732294
  9.5603904   9.80945055 10.15792838 10.13521324 11.0435137  10.06329581
--省略若干--
 10.74304416 10.47904781]
```

如果绘制这个序列的直方图，会得到图 3-3 所示的结果。

这个序列看上去类似于一个平均值为 10，标准差为 1 的正态分布。符号 μ 表示序列中所有数的平均值，符号 σ 表示标准差，衡量的是数据集偏离其平均值的离散程度。依照定义，如果数据是真正的正态分布，68.2% 的样本值将落入[ω1=μ-σ，ω2=μ+σ]的标准偏差区间中。这为辨认异常值提供了一个标准：任何不在这一范围内的都会被认为是异常值。

这个例子是从正态分布 μ=10 和 σ=1 生成的数据，所以上述区间也就是从 ω1=μ-1=9 到 ω2=μ+1=11。

下面，可以简单地假设，任何落在平均值周围一个标准差以外的观测值都是异常值。对我们的数据而言，这意味着任何没有落在区间[9，11]之内的都是异常值。

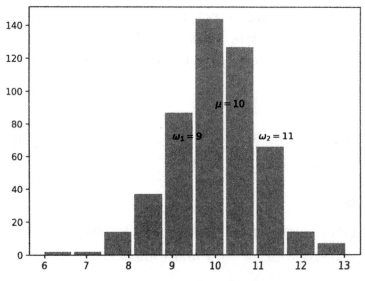

图 3-3：根据数据序列绘制的直方图

这段简单的代码是用来生成上面图表的，见清单 3-25。你能找到定义平均值和标准差的代码行吗？

```
import numpy as np
import matplotlib.pyplot as plt

sequence = np.random.normal(10.0, 1.0, 500)
print(sequence)

plt.xkcd()
plt.hist(sequence)
plt.annotate(r"$\omega_1=9$", (9, 70))
plt.annotate(r"$\omega_2=11$", (11, 70))
plt.annotate(r"$\mu=10$", (10, 90))
plt.savefig("plot.jpg")
plt.show()
```

清单 3-25：使用 Matplotlib 库绘制直方图

这段代码展示了如何使用 Python 的 Matplotlib 库绘制一个直方图，不过，这不是本节的重点，只是强调一下怎样创建前面的数据序列。

只需导入 NumPy 库，用 np.random 模块提供的函数 normal(mean, deviation, shape)，就可以通过给定的平均值和标准差，以正态分布的随机抽样创建一个新 NumPy 数组。这也就是为数组设置平均值为 10.0 和标准差为 1.0 的地方。在示例中还传入了 shape=500，表示想要一个包含 500 个数据点的一维数组。后面的代码导入了一个特别的样式 xkcd：plt.xkcd()，使用 plt.hist(sequence)，基于序列数据绘制了直方图，并为其添加了注释文本，最后输出了这个图。

注意

绘图样式 xkcd 这个名字取自热门网络漫画网站 xkcd（网址见链接列表 3.1 条目）。

在开始深入研究一行流之前，先快速过一下完成这个任务所需要的另外两个基础技能。

3　数据科学　　**91**

寻找绝对值

其次，为了检查每个值是否离平均值超过了标准差，需要把负数转为正数，因为只关心绝对的距离，而不是正负。这个操作称为取绝对值。清单 3-26 中的 NumPy 函数会用原数据的绝对值创建一个新 NumPy 数组。

```
import numpy as np

a = np.array([1, -1, 2, -2])

print(a)
# [ 1 -1  2 -2]

print(np.abs(a))
# [1 1 2 2]
```

清单 3-26：在 NumPy 中计算绝对值

函数 np.abs() 会把一个 NumPy 数组中的负值转为正值。

执行逻辑与运算

第三，下面的 NumPy 函数会执行一个元素级别的逻辑与（and）运算，把布尔数组 a 和 b 结合起来，返回一个新的布尔数组，其中每个元素都是前两者对应元素的逻辑与运算结果（见清单 3-27）。

```
import numpy as np

a = np.array([True, True, True, False])
b = np.array([False, True, True, False])

print(np.logical_and(a, b))
# [False  True  True False]
```

清单 3-27：在 NumPy 数组间应用逻辑与运算

用 np.logical_and(a, b) 把数组 a 的第 i 个元素和数组 b 的第 i 个元素合并，得到一个布尔值的数组，第 i 位为 True 当且仅当 a[i] 和 b[i] 都为 True 时，否则为 False。通过这种方式，可以把多个布尔数组用标准的逻辑操作符合并在一起。

这个技巧的应用场景之一就是联合多个布尔数组过滤器，像下面的一行流所做的那样。

注意，也可以把两个布尔数组相乘，这跟 np.logical_and(a, b)的计算是等价的。Python 把 True 值用整数 1（或者其他非零整数）表示，False 用整数 0 表示，如果用 0 乘以任何数，只会得到 0，也就是 False。这意味着只有所有的操作数都是 True 时，才会得到一个 True 值结果（一个不小于 1 的整数）。

有了这些，便已经完全具备了理解接下来的一行流代码的条件。

代码

这段一行流将找出统计数据与统计平均值偏离超过一个标准差的异常日期（见清单 3-28）。

```
## 依赖
import numpy as np

## 网站分析数据：
## (每行为一天，每列为日活跃用户数、跳出数、平均会话时长)
a = np.array([[815, 70, 115],
              [767, 80, 50],
              [912, 74, 77],
              [554, 88, 70],
              [1008, 65, 128]])
mean, stdev = np.mean(a, axis=0), np.std(a, axis=0)
# [811.2  76.4  88. ], [152.97764543   6.85857128  29.04479299]

## 一行流
outliers = ((np.abs(a[:,0] - mean[0]) > stdev[0])
            * (np.abs(a[:,1] - mean[1]) > stdev[1])
            * (np.abs(a[:,2] - mean[2]) > stdev[2]))

## 结果
print(a[outliers])
```

清单 3-28：使用平均值函数、标准差和带广播的布尔运算的一行流方案猜猜这段代码的输出结果。

它是如何工作的

这个数据集由代表不同天数的行组成，三列分布代表日活跃用户数、跳出数和平均会话时长（秒）。

首先对每一列计算平均值和标准差，例如"日活跃用户数"一列的平均值是 811.2，标准差是 152.97。注意，使用轴参数（axis）的方式与"使用广播、切片赋值和重塑清洗固定步长的数组元素"中的方式相同。

我们的目标是检测出三列网站数据中的异常值。对于"日活跃用户数"一列，每一个小于 658.23（811.2 – 152.97）或者大于 963.43（811.2 + 152.23）的数都会被认为是异常值。

不过，只有当所有三列观测值都是异常值的时候，才意味着这条"当日数据"是异常的。使用逻辑与运算把三个布尔数组联合起来，以实现这个想法。最后的结果是，只有一行的所有三个值都是异常值：

```
[[1008   65  128]]
```

总结一下，已经了解了 NumPy 的逻辑与运算，以及如何用它来进行基本的异常值检测。接下来，将了解亚马逊成功的秘诀：展示相关产品的推荐以供购买。

简单的关联分析：买了 X 的人也买了 Y

你有没有买过亚马逊算法推荐的产品？推荐算法通常基于一种叫作关联分析的技术。本节的内容将带你了解关联分析的基本思想，并稍微窥探一下推荐系统的茫茫大海。

基础背景

关联分析基于客户的历史数据，比如亚马逊上"买过 x 的人也买过 y"的数据。

这种不同产品的关联是一种强大的营销概念，因为它不但将相关且互补的产品联系在一起，还提供了一种社会实证因素：知道其他人买过这个产品，增加了自己购买这一产品的心理安全感。这对于市场营销人员是个极佳的工具。

看一下图 3-4 中的实际例子。

四个顾客 Alice、Bob、Louis 和 Larissa 分别购买了以下产品的不同组合：书、游戏、足球、笔记本电脑、耳机。想象一下，如果知道这四个人购买的每一样产品，你觉得 Louis 有没有可能购买笔记本电脑？

关联分析（或协同过滤）为这个问题提供了一个答案。其潜在的假设是，如果两个人在过去进行了类似的行为（比如说，购买了同样的产品），他们就更可能在未来继续进行类似的行为。Louis 与 Alice 的购买行为相似，而 Alice 买了笔记本电脑，所以，推荐系统会预测 Louis 也有可能购买笔记本电脑。

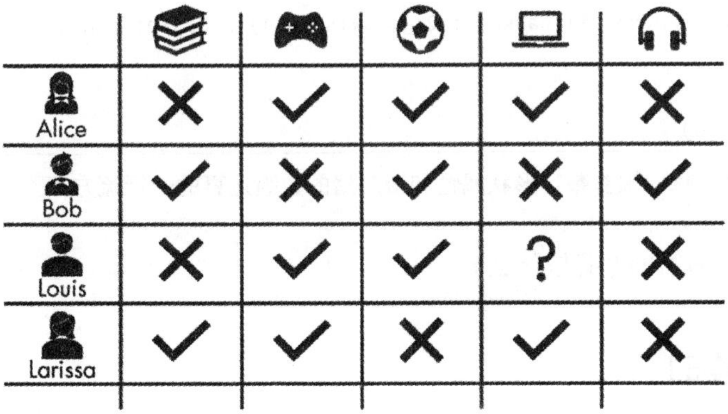

图 3-4：产品-客户矩阵：谁买了什么产品

下面的代码片段简化了这个问题。

代码

考虑这个问题：有多少比例的顾客同时购买了某两本电子书？基于这个数据，推荐系统就可以向那些原本打算买一本的顾客推荐"捆绑"购买这两本电子书。见清单 3-29。

```
## 依赖
import numpy as np

## 数据：每行是一个顾客的购物篮
## 行 = [course 1, course 2, ebook 1, ebook 2]
## 数值 1 代表已购买
basket = np.array([[0, 1, 1, 0],
                   [0, 0, 0, 1],
                   [1, 1, 0, 0],
                   [0, 1, 1, 1],
                   [1, 1, 1, 0],
                   [0, 1, 1, 0],
                   [1, 1, 0, 1],
                   [1, 1, 1, 1]])

## 一行流
copurchases = np.sum(np.all(basket[:,2:], axis = 1)) / basket.shape[0]

## 结果
print(copurchases)
```

清单 3-29：使用切片、轴参数、形状属性和带广播的数组运算的一行流方案

这段代码的输出结果是什么？

它是如何工作的

购物篮数据数组里，每个顾客是一行，每个产品是一列。列索引为 0 和 1 的前两个产品是在线课程，后面两个索引为 2 和 3 的是电子书。位置(i, j)上的数值 1 表示顾客 i 购买了产品 j。

我们的目标是找出同时买了两本电子书的顾客比例，所以只对列 2 和 3 比较感兴趣。首先从原数组中切割出这两列，得到下面的子数组：

```
print(basket[:,2:])
"""
[[1 0]
```

```
[0 1]
[0 0]
[1 1]
[1 0]
[1 0]
[0 1]
[1 1]]
"""
```

这就给了一个只有第三列和第四列的数组。

NumPy 的 `all()` 函数会检查一个 NumPy 数组中是否所有值都为 `True`。如果是的话它就返回 `True`，否则返回 `False`。当与轴参数一起使用的时候，函数将沿着指定的轴执行此操作。

> **注意**
>
> 轴参数是许多 NumPy 函数中经常出现的元素，所以很值得花点时间去正确理解轴参数。基于所使用的聚合函数（比如这里是 `all()`），指定的轴上所有的元素会被压缩成一个单一的值。

于是，在生成的子数组上应用 `all()` 函数得到的结果如下所示：

```
print(np.all(basket[:,2:], axis = 1))
# [False False False  True False False False  True]
```

用通俗的话说，只有第四个和最后一个顾客同时买了两本电子书。

你对这些顾客所占比例更感兴趣，所以把这个布尔数组求和，得到的总和为 2；然后除以顾客数量 8，结果是 0.25，即购买两本电子书的顾客所占的比例。

总结一下，你已经加深了对 NumPy 基础知识，比如形状属性和轴参数的理解，也了解了如何结合它们来分析不同产品的共同购买情况。接下来，将继续学习这个例子，并深入了解如何组合运用 NumPy 和 Python 的特殊能力——广播和列表解析——进行数组聚合的高级技术。

使用中间关联分析寻找最佳捆绑策略

本节将更详细地探讨关联分析这个话题。

基础背景

考虑上一节中的例子：顾客会从这四种文字类产品中，独立地购买不同产品的组合。你的公司想要加售一些相关产品（向顾客提供额外的、通常是相关的产品），对于每种产品组合，需要计算它们被同一客户购买的频率，并找出一起购买频率最高的两种产品。

对于这个问题，已经了解了需要知道的一切，所以直接开始吧！

代码

这个一行流着眼于找出被共同购买频次最高的两个产品。见清单 3-30。

```
## 依赖
import numpy as np

## 数据：每行为顾客的购物篮
## 行 = [course 1, course 2, ebook 1, ebook 2]
## 数值 1 表示已购买该项目
basket = np.array([[0, 1, 1, 0],
                   [0, 0, 0, 1],
                   [1, 1, 0, 0],
                   [0, 1, 1, 1],
                   [1, 1, 1, 0],
                   [0, 1, 1, 0],
                   [1, 1, 0, 1],
                   [1, 1, 1, 1]])

##（折成两行的）一行流
copurchases = [(i,j,np.sum(basket[:,i] + basket[:,j] == 2))
               for i in range(4) for j in range(i+1,4)]
```

```
## 结果
print(max(copurchases, key=lambda x:x[2]))
```

清单 3-30：一行流解决方案：用到了以 lambda 函数为参数的 max() 函数、列表解析和带广播的布尔运算

这个一行流方案的结果是什么？

它是怎么工作的

数据数组由历史购买数据组成，每个顾客为一行，每种产品是一列。我们的目标是得到一个元组构成的列表：每个元组描述了一种产品组合以及该组合被一并购买的频率。你希望每个元组的前两个值是这两种产品的列索引，元组的第三个值是这对产品被一起购买的次数。比如说，元组(0,1,4)表示购买产品 0 的顾客也购买产品 1 的情况发生了 4 次。

那么如何实现这个目标呢？把这个一行流分拆开并重新格式化一下，因为直接放在一行里太长了。

```
## （折成两行的）一行流
copurchases = [(i,j,np.sum(basket[:,i] + basket[:,j] == 2))
               for i in range(4) for j in range(i+1,4)]
```

可以从外层的格式[(..., ..., ...) for ... in ... for ... in ...]中看出，这里使用列表解析创建了一个由元组组成的列表（见第 2 章）。这个列表解析会生成你想要的结果：从数组四个列索引中选择由两个构成的所有不同组合。下面单看这个一行流外层部分的输出：

```
print([(i,j) for i in range(4) for j in range(i+1,4)])
# [(0, 1), (0, 2), (0, 3), (1, 2), (1, 3), (2, 3)]
```

列表中有 6 个元组，每个都是由两个列索引构成的不同组合。

知道了这一点，现在可以深入探究该元组的第三个元素：这两个产品 i 和 j 被一起购买的次数：

```
np.sum(basket[:,i] + basket[:,j] == 2)
```

使用切片从原 NumPy 数列中提取出 i 和 j 两列，然后把它们的对应元素相加。对得到的结果数组，再逐个元素检查是否为 2，也就是之前的两列里对应元素是否都是 1，即是否被同时购买了。检查的结果是一个布尔数组，对每个客户而言，如果同时购买了这两个产品，则对应值为 True。

把所有的计算结果元组保存在列表 copurchases 中。下面是这个列表的所有元素：

```
print(copurchases)
# [(0, 1, 4), (0, 2, 2), (0, 3, 2), (1, 2, 5), (1, 3, 3), (2, 3, 2)]
```

现在只剩一件事要做了：找出被同时购买最多的两种产品：

```
## 结果
print(max(copurchases, key=lambda x:x[2]))
```

使用 max() 函数来查找这个列表中的最常购买组合。定义一个 key 函数，它接受一个元组作为参数，并返回这个元组的第三个值（也就是同时购买数），然后通过 max() 从列表中找出最大值。这个一行流的结果如下所示：

```
## 结果
print(max(copurchases, key=lambda x:x[2]))
# (1, 2, 5)
```

第二个和第三个产品已经被一起购买了五次，其他任何产品组合都没有如此高的打包销售能力。因此，你可以告诉老板在销售产品 1 的时候追加销售产品 2，反之亦然。

小结一下，你已经了解了 Python 和 NumPy 的各种核心特性，比如广播、列表解析、lambda 函数和排序 key 函数。通常，Python 代码的表现力会来源于各种语言元素、函数和代码技巧的结合。

总结

在本章中，学习了 NumPy 的基础知识，如数组、形状、轴、数据类型、广播、高级索引、切片、排序、搜索、聚合和统计。还通过练习重要的技术，如列表解析、逻辑运算和 lambda 函数，提高了基本的 Python 技能。最后但并非最不重要的是，你已经提高了阅读、理解和快速编写简洁代码的能力，与此同时，还掌握了解决基本的数据科学问题的方法。

保持这种快速的节奏，继续学习 Python 各种领域的有趣主题。接下来，将深入机器学习这个激动人心的领域中，了解基本的机器学习算法，以及如何使用流行的 scikit-learn 库，在仅仅一行代码中发挥其强大的功能。每个机器学习专家都非常熟悉这个库，不要害怕，刚掌握的 NumPy 技能将对理解接下来的代码提供极大的助益。

4

机器学习

在计算机科学的几乎每个领域中,都能看到机器学习的身影。过去的几年中,我参加了分布式系统、数据库和流处理等不同领域的计算机科学会议,无论到哪里,机器学习已经先我而至。在一些会议上,有超过一半的演讲,其研究思路都依赖于机器学习的方法。

作为一个计算机科学家,你必须知道基本的机器学习理念与算法,以完善你的总体技能。本章介绍了最重要的机器学习算法和模型,并提供了 10 个实用的一行流程序,让你在自己的项目里可以应用这些方法。

监督式机器学习的基础知识

机器学习的主要目的,是通过已有的数据进行准确的预测。假设写个算法来预测一只特定股票在未来两天的价值,为了完成这个目标,需要训练一个机器学习模型。但到底什么是**模型**?

从机器学习用户的角度来看，机器学习模型（Model）像一个黑盒子（见图 4-1）：把数据放进去，然后取出预测结果。

图 4-1：一个机器学习模型，可视为一个黑盒子

在这个模型中，输入数据被叫作**特征**（**feature**），并用变量 *x* 表示，它可以是一个数值，也可以是数值构成的多维向量。然后盒子就会发挥它的魔力，处理输入数据。过一段时间之后，就会拿到预测值 *y*，这就是模型针对给定输入特征的预测输出。对于回归问题，预测值也由一个或多个数值组成，跟输入特征一样。

监督式机器学习分成两个独立的阶段：训练阶段和推理阶段。

训练阶段

在**训练阶段**（**training phase**），你告诉模型，对于给定的输入 *x*，期望输出 *y'*，当模型输出预测值 *y* 时，将其与 *y'* 进行比较，如果它们不一样，就更新模型，以输出一个更加接近 *y'* 的结果，如图 4-2 所示。来看一个图像识别的例子。比如说，训练一个模型来预测给定图像（输入）的水果名称（输出），具体输入是香蕉的图像，但模型错误地预测为**苹果**。由于想要的输出与模型的预测不一致，你就去修改了模型，于是下一次模型将会正确地输出**香蕉**的预测。

图 4-2：机器学习模型的训练阶段

4　机器学习　**103**

当不断告诉模型你对大量不同输入的期望输出，并持续调整模型时，你就在使用**训练数据**对模型进行训练。随着时间的推移，模型将会学习到你希望特定的输入产生怎样的输出。这就是数据在 21 世纪如此重要的原因：只有好的训练数据能产生好的模型。没有优质的训练数据，模型一定会失败。简单地说，训练数据监督着机器学习的过程，这就是把它叫作监督式学习的原因。

推理阶段

在推理阶段，使用训练好的模型针对新输入的特征 x，预测其输出值。注意，模型有能力对从未在训练数据中观测到的输入预测输出值。比如说，经过了训练阶段的水果预测模型，现在可以识别它从来没有见过的图片中的水果（从训练数据中学习得到）。换句话说，合适的机器学习模型拥有泛化能力：它们利用从训练数据中获得的经验来预测新输入的输出结果。简单地说，泛化好的模型可以用来对新的输入数据做出准确的预测。能对从未见过的输入数据进行泛化预测是机器学习的优势之一，也是其在广泛的实际场景中大受欢迎的主要原因。

线性回归

线性回归是在初学者级别的机器学习教程中最常见到的机器学习算法。它经常被用在回归问题中，在这种问题中，模型会通过现有的数据来预测缺失的数据。不论对于教师还是对于用户来说，线性回归的一个巨大的优势是它的简单性，但这并不是说它不能解决真正的问题。线性回归在市场研究、天文学和生物学等不同领域有很多实际的应用案例。

基础背景

如何使用线性回归来预测某一天的股票价格？在回答这个问题之前，先从一些定义开始。

每个机器学习模型都由模型参数组成。模型参数是根据对现有数据的考量，在模型内部配置的变量。模型参数决定了基于给定的特征，模型具体会怎样计算预测值。对于线性回归，模型参数被称为**系数**。你也许还记得学校里教过的二维直线的公式：$f(x) = ax + c$，这两个变量 a 和 c 就是这个线性方程的系数。这个方程描述了任何一个输入 x 如何转化为输出值 $f(x)$，所有的这些输出值在二维空间里描述了一条直线。通过改变系数，就可以描述二维空间中的任何一条直线。

给定一组输入特征 $x_1, x_2, \ldots, x_k$，线性回归模型会把这些输入特征跟一组系数 $a_1, a_2, \ldots, a_k$ 组合在一起，用下面的公式计算出预测值 y：

$$y = f(x) = a_0 + a_1 \times x_1 + a_2 \times x_2 + \ldots + a_k \times x_k$$

在股票价格的例子中，只有一个输入特征 x，也就是日期。输入日期 x，希望得到预测的股票价格，也就是输出值 y。这样就把线性回归模型简化为一个二维直线的公式：

$$y = f(x) = a_0 + a_1 x$$

来看一下图 4-3 中的三条直线，它们的区别来自两个模型参数 a_0 和 a_1 的差异。横轴对应于输入 x，纵轴对应了输出 y。每条直线都代表对应的输入和输出值的（线性）关系。

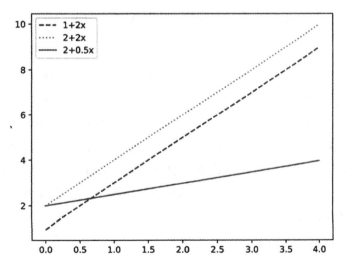

图 4-3：由不同模型参数（系数）描述的三个线性模型（直线）。每条线都代表了输入和输出变量之间的独特关系

在股票价格的例子中，假设训练数据是某三天的索引，[1，2，3]，对应于股票价格[155，156，157]。或者换个说法：

- 输入 0 应输出 155
- 输入 1 应输出 156
- 输入 2 应输出 157

现在，最匹配训练数据的直线是什么？把训练数据绘制在图 4-4 中。

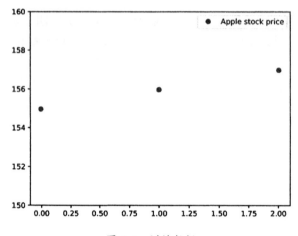

图 4-4：训练数据

为了找到能最准确描述数据的直线，以建立一个线性回归模型，需要确定其系数。这就是机器学习发挥作用的时候。确定线性回归模型的参数主要有两种方法。首先，可以分析计算出这些点之间的最佳拟合直线（线性回归的标准方法）；其次，可以尝试不同的模型，根据标注后的样本数据对其进行测试，并最终确定最佳模型。在每种情况下，都要通过一个叫作**误差最小化**的过程来确定"最佳"。这个过程中会将预测值和理想输出值的方差最小化，以选择具有最小误差的模型（或者为模型选择导致最小方差的系数）。

对于数据，你最后会得出系数为 $a_0 = 155.0$ 和 $a_1 = 1.0$。然后可以把它们放到线性回归公式中：

$$y = f(x) = a_0 + a_1 x = 155.0 + 1.0 \times x$$

将该直线和训练数据一起绘制出来，如图 4-5 所示。

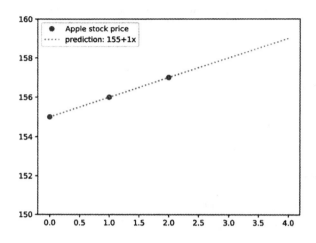

图 4-5：使用线性回归模型构造的预测直线模型

一个完美的拟合！模型预测出的直线跟训练数据的距离方差为零，因此你已经找到了误差最小化的模型。现在可以使用这个模型来预测任何 x 值所对应的股票价格了。比如说，你想预测第 4 天的股票价格，要实现这个目标，只需要代入该模型计算 $f(x)$ = 155.0 + 1.0 × 4 = 159.0，就能得到第 4 天的股价为 159 。当然，这个预测能否精确地反映真实世界又是另一回事了。

以上是该任务的一个抽象的概要，接下来仔细看看怎么具体地在代码中实现它。

代码

清单 4-1 展示了如何仅使用一行代码构建一个简单的线性回归模型（可能需要在命令行里通过 pip install sklearn 先安装 scikit-learn 库）。

```
from sklearn.linear_model import LinearRegression
import numpy as np

## 数据（苹果的股价）
apple = np.array([155, 156, 157])
n = len(apple)
```

```
## 一行流
model = LinearRegression().fit(np.arange(n).reshape((n,1)), apple)

## 结果 & 思考题
print(model.predict([[3],[4]]))
```

清单 4-1：一个简单的线性回归模型

猜到这段代码的结果了吗？

它是如何工作的

这个一行流使用了两个 Python 库，NumPy 和 scikit-learn。前者是数值计算（如矩阵运算）的事实标准库，后者是最全面的机器学习库，已经实现了数百种机器学习的算法和技术。

也许你会问："为什么在 Python 一行流里面使用库？难道不是作弊吗？"这是个好问题，而答案是肯定的。任何 Python 程序，不管有没有用到库，都会用到基于底层操作构建的高级功能。当你可以重用现有的代码库（也就是站在巨人的肩上）时，重新发明轮子是没有太大意义的。有远大抱负的程序员常常有种冲动把所有东西自己实现一遍，但这会降低其编码产出效率。在本书中，我们将大量使用——而不是拒绝——一些世界上最优秀的 Python 程序员和先驱所实现的广泛和强大的功能。这些库中的每一个都需要熟练的程序员经过数年时间来开发、优化和调整。

一步步地来理解清单 4-1。首先，把 3 个数值放进一个简单的数据集，并用一个单独的变量 n 来存储其长度，以使代码更加简洁。变量 apple 以一维数组的形式来存放这个数据集，也就是连续 3 天的苹果公司的股价。

其次，通过调用 LinearRegression() 来建立模型。但是用什么模型参数呢？为了找到它们，调用 fit() 函数来训练模型。fit() 函数接受两个参数，训练数据的输入特征，以及这些输入对应的理想输出。我们的理想输出就是苹果公司的真实股价。不过对于输入特征，fit() 需要一个如下所示格式的数组：

```
[<training_data_1>,
 <training_data_2>,
```

```
--省略若干--
<training_data_n>]
```

其中每个训练数据都是一组特征值的序列：

```
<training_data> = [feature_1, feature_2, ..., feature_k]
```

在例子中，每组输入只包含一个单独的特征 x（日期）。此外，预测值也只由一个值 y（股价）构成。为了把输入数组包装成正确的形状，需要把它们重塑成下面这个看起来很奇怪的矩阵形式：

```
[[0],
 [1],
 [2]]
```

只有一列的矩阵也称为一个**列向量**。使用 np.arrange() 创建了一个递增的整数序列，然后使用 reshape((n, 1)) 把这个一维 NumPy 数组重塑成具有 1 列 n 行的二维数组（见第 3 章）。注意，scikit-learn 允许传入的理想输出是一维数组，否则还需要把 apple 数据数组也进行重塑。

一旦有了训练数组和理想输出，fit() 就会开始进行误差最小化计算：寻找使预测值和期望输出差异最小的模型参数（也就是那条直线）。

当 fit() 对它得到的模型感到满意时，就会把这个模型返回，你就可以用它的 predict() 函数预测两个新给定日期的股价。predict() 函数与 fit() 函数对输入特征的格式要求是相同的，所以为了满足要求，需要传入一个单列矩阵，其中包括你想要预测的两个新的日期：

```
print(model.predict([[3],[4]]))
```

由于最小化误差为零，所以会得到完美的线性输出结果 158 与 159。这个结果也完美吻合图 4-5 中绘制的拟合曲线。但是，现实中往往不可能找到如此完美拟合的单直线线性模型。比如说，如果股票价格是[157, 156, 159]，你再跑一遍同样的程序并且绘制结果，将会得到如图 4-6 所示的直线。

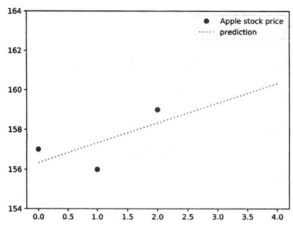

图 4-6：非完美拟合的线性回归模型

在这种情形下，`fit()` 函数也找到了如前面所述的训练数据和预测的距离误差最小的直线。

总结一下，线性回归是一种机器学习技术，模型会对系数进行学习，以作为模型参数。由此产生的线性模型（如二维空间中的一条直线）会直接提供对新输入的预测。这种给定数值输入、预测数值输出的问题属于回归问题的范畴。在下一节中，将了解机器学习中另一个重要的领域，分类。

逻辑回归的一行流

逻辑回归通常用于分类问题，即预测一个样本是否属于一个特定的类别（或类型）。这与回归问题形成鲜明对比，在回归问题中，你拿到一个样本，并返回一个属于某连续域的预测值。一个分类的例子是将 Twitter 用户分为男性和女性，根据不同的输入特征，例如发帖频次或者 Twitter 回复数来进行这样的分类。逻辑回归模型是最基本的机器学习模型之一，本节介绍的许多概念会是更高级机器学习技术的基础。

基础背景

为了介绍逻辑回归，先简单回顾一下线性回归的原理：通过给定训练数据，计算出一条符合训练数据的直线，并用它预测输入的结果。一般来说，线性回归适合从一个连续域中找出预测值，这个值可以有无限多的可能选项。比如说前面预测的股价，就可以是任意正数。

但如果预测值不是连续的，而是可分类的，属于数量有限的组或类别之一呢？例如，给定一个病人吸烟的数量，预测其患肺癌的可能性。每个病人要么患了肺癌，要么没有。与股价的例子相比，这里只有两个可能的结果。预测分类的可能结果，是逻辑回归的主要应用场景。

Sigmoid 函数

线性回归对训练数据拟合出一条直线，而逻辑回归则拟合出一条 S 形曲线，叫作 sigmoid 函数。这条曲线将帮助你做出二元决策（比如说，是/否）。对于大多数输入值，sigmoid 函数将返回一个非常接近 0 的数（其中一类）或者非常接近 1 的数（另一类）。对于你给的输入值，它不太可能返回一个模棱两可的结果。注意，它对于给定值确实有可能产生 0.5 这样的概率值，但在实际场景中会把这种可能性降至最小：可以看到，对于横轴上的大多数值，对应的纵轴概率值要么非常接近 0，要么非常接近 1。图 4-7 展示了上面肺癌案例的逻辑回归曲线。

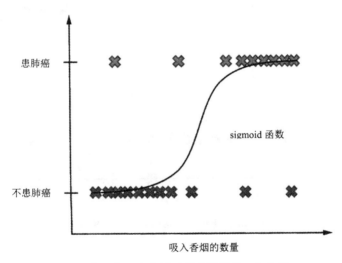

图 4-7：基于香烟用量预测癌症的逻辑回归曲线

注意

你也可以用逻辑回归进行多分类，将数据分为两个以上的类。可以使用 sigmoid 函数的泛化形式：softmax 函数来达成这一目标。它返回一个元组，由一组概率值组成，每个类一个。相比之下，sigmoid 函数只会将输入值转换为一个单一的概率值。不过，为了清晰和可读，在本节中还是聚焦于 sigmoid 函数和二元分类。

图 4-7 的 sigmoid 函数会在给定病人吸烟数量时，返回其患癌概率的近似估计。当病人的吸烟数量是唯一掌握的数据时，这个概率会帮你做出可靠的判断：病人到底患癌了吗？

看一下图 4-8 中对两个新病人的预测（图底部的浅灰色记号）。除了他们的吸烟数量，你对他们一无所知。已经训练好了这个逻辑回归模型（sigmoid 函数），对于任何新输入的值，它会返回一个概率。如果 sigmoid 函数返回的这个概率大于 50%，模型将会预测**肺癌阳性**，否则会预测**肺癌阴性**。

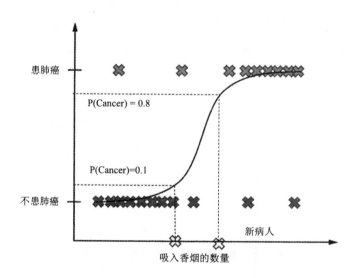

图 4-8：使用逻辑回归估算结果的概率

寻找最大似然模型

逻辑回归的主要问题是如何选择最适合训练数据的正确 sigmoid 函数。答案是研究每个模型的似然，即模型产生观测到的训练数据的概率。想要选择的就是拥有最大似然度的模型，因为训练数据是真实世界产生的，最大似然的模型也就最接近真实世界的处理过程。

要计算给定模型对于给定训练数据的似然，需要计算单个训练数据点的似然，然后把它们相乘以得到整个训练数据集的似然。那么如何计算单个数据点的似然呢？只需要将这个模型的 sigmoid 函数应用到数据点上，就能得到这个数据点在此模型下的正确概率。如果要根据所有数据点选出最大似然模型，则要对不同的 sigmoid 函数（把该函数平移一点点）重复同样的似然计算，如图 4-9 所示。

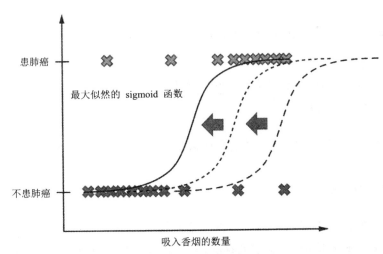

图 4-9：测试若干个 sigmoid 函数以确定最大似然者

在上一段中，描述了如何确定最大似然 sigmoid 函数（模型），这个 sigmoid 函数对数据拟合得最好，所以可以用它来预测新的数据点。

现在已经把理论介绍完毕，接下来看看怎么用 Python 一行流的方式来实现逻辑回归吧。

代码

你已经看过了把逻辑回归用于健康领域的例子（将香烟消费量与癌症概率关联），这个"虚拟医生"作为智能手机应用应该是个不错的主意，对吧？用逻辑回归为你的第一个虚拟医生编写程序，如清单 4-2 所示，只需一行代码！

```python
from sklearn.linear_model import LogisticRegression
import numpy as np

## 数据（香烟消费量，是否患癌）
X = np.array([[0, "No"],
              [10, "No"],
              [60, "Yes"],
              [90, "Yes"]])

## 一行流
model = LogisticRegression().fit(X[:,0].reshape(n,1), X[:,1])

## 结果与思考题
print(model.predict([[2],[12],[13],[40],[90]]))
```

清单 4-2：一个逻辑回归模型

猜一猜：这段程序的输出结果是什么？

它是如何工作的

训练数据由四个患者记录（每行一个）组成。每行有两列，第一列存储了患者抽烟的数量（**输入特征**），第二列存的是类标签，记录了他们最终是否患癌。

通过调用 `LogisticRegression()` 构造函数来创建模型，然后对这个模型调用 `fit()` 函数，`fit()` 接受两个参数，分别是输入（香烟消费量）和输出的类标签（是否患癌）。`fit()` 函数期望输入参数是二维数组格式，每行是一个训练数据样本，每列是训练数据的其中一个特征。在这个例子中，训练数据只有一个特征，所以使用 `reshape()` 操作把这个一维输入转换为二维 NumPy 数组。传入 `reshape()` 的第一个参数指定了函数，第二个指定了列数。只需要关心列数，在这里也就是 1，所以在行数的位置传入了 -1 作为一个特殊信号，要求 NumPy 自动确定行数。

作为输入值的训练数据在重塑后看起来是这样的（本质上，只是去掉了类标签列，并保持二维数组形状不变）：

```
[[0],
 [10],
 [60],
 [90]]
```

接下来，开始预测病人是否患有肺癌。根据给定的吸烟数量，输入 2、12、13、40、90，得到的输出结果如下所示：

```
# ['No' 'No' 'Yes' 'Yes' 'Yes']
```

该模型预测前两个病人是肺癌阴性，而后三个是肺癌阳性。

来详细看看 sigmoid 函数是通过怎样的概率得到预测结果的。只需在清单 4-2 之后执行下面的代码片段：

```
for i in range(20):
    print("x=" + str(i) + " --> " + str(model.predict_proba([[i]])))
```

predict_proba()函数将香烟数量作为输入，并返回一个包含肺癌阴性概率（索引 0）和肺癌阳性概率（索引 1）的数组。执行这段代码时，会得到以下输出结果：

```
x=0 --> [[0.67240789 0.32759211]]
x=1 --> [[0.65961501 0.34038499]]
x=2 --> [[0.64658514 0.35341486]]
x=3 --> [[0.63333374 0.36666626]]
x=4 --> [[0.61987758 0.38012242]]
x=5 --> [[0.60623463 0.39376537]]
x=6 --> [[0.59242397 0.40757603]]
x=7 --> [[0.57846573 0.42153427]]
x=8 --> [[0.56438097 0.43561903]]
x=9 --> [[0.55019154 0.44980846]]
x=10 --> [[0.53591997 0.46408003]]
x=11 --> [[0.52158933 0.47841067]]
x=12 --> [[0.50722306 0.49277694]]
x=13 --> [[0.49284485 0.50715515]]
```

```
x=14 --> [[0.47847846 0.52152154]]
x=15 --> [[0.46414759 0.53585241]]
x=16 --> [[0.44987569 0.55012431]]
x=17 --> [[0.43568582 0.56431418]]
x=18 --> [[0.42160051 0.57839949]]
x=19 --> [[0.40764163 0.59235837]]
```

如果肺癌阴性的概率高于阳性的概率，则预测结果是肺癌阴性。最后一次阴性的判断发生在 x=12 的时候。如果病人抽了超过 12 根香烟，算法将把其归类于肺癌阳性。

小结一下，你已经学会了如何使用 scikit-learn 库以逻辑回归的方式解决分类问题。逻辑回归的思想是用 S 形曲线（sigmoid 函数）去拟合数据，这个函数会为每个新数据点与每个分类的组合分配一个 0 到 1 之间的数值，该数值预测了这个数据点属于给定分类的概率。然而，在实践中，经常有训练数据，但却没有为训练数据分配类标签。例如，你有客户的数据（比如他们的年龄和收入），但不知道每个数据点都有什么类标签。为了从这类数据中也能得出有用的洞见，接下来需要了解另一类机器学习：无监督学习。具体来说，将学习如何找到相似的数据点簇，这是无监督学习的重要组成部分。

K-Means 聚类算法一行流

如果说有一种聚类算法一定得知道——无论是计算机科学家、数据科学家还是机器学习专家——那就是 ***K*-Means** 算法。在本节中，你会学到它的主要思想，了解何时使用，以及如何使用它，并且只需要一行 Python 代码。

基础背景

前面介绍了监督式学习，其中的训练数据是**标注数据**。换句话说，你知道训练数据中每个输入值应该对应什么样的输出。但在实践中，情况并不总是如此。你经常会发现自己面对的是**未标注数据**，尤其是在许多数据分析的场景下，一开始其实根本不知道"最佳的输出"是什么。在这种情况下，预测是不可能的（因为没有可供参考的输出),但仍然可以从这些未标注的数据集中提炼出有用的知识(比如说,可以找到相似数据形成的类簇)。使用未标注数据的模型属于**无监督学习**的范畴。

举个例子,假设你在一家初创公司工作,服务于目标市场中各种收入水平与年龄的不同客户。老板叫你去寻找一组符合公司目标市场的客户特征,那么就可以用聚类的方法来识别出公司所服务对象的**平均客户画像**。图 4-10 展示了一个示例。

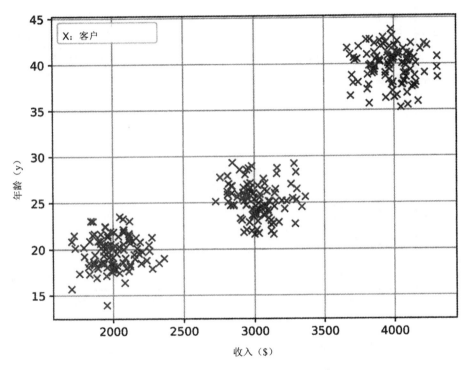

图 4-10:二维空间中的客户数据分析

在这里,可以容易地识别出对应于三种不同类型的收入与年龄的三种客户画像。但如何用算法找出来呢?这就是聚类算法的领域了,比如说广泛流行的 *K*-Means 算法。给定数据集和一个整数 k,*K*-Means 算法会从数据中找出 k 个类簇,使得类簇的中心点(也叫**质心**)与类簇中其他点之间的差距最小。换句话说,可以通过在数据集上运行 *K*-Means 算法来找出不同的客户画像,如图 4-11 所示。

类簇中心（黑点）与类簇的客户数据相匹配，每个中心点都可以看作一个客户画像。这样，就有了三个理想化的画像：一个 20 岁收入 2000 美元的人；一个 25 岁收入 3000 美元的人；一个 40 岁收入 4000 美元的人。更棒的是，K-Means 算法即使在高维空间（人眼就很难凭视觉寻找类簇）也能找到这些聚类的中心。

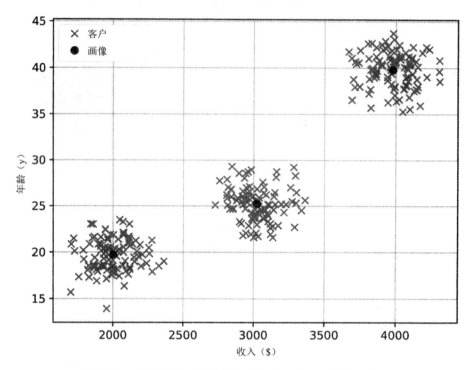

图 4-11：二维空间中的客户数据与客户画像（类簇中心）

K-Means 算法需要"类簇中心数量" k 作为输入。在上面的例子中，你看了一眼数据，然后就"神奇地"定出了 $k = 3$。更高级的算法则可以自动找出类簇中心的数量（例如，参见 2004 年 Greg Hamerly 和 Charles Elkan 的论文 *Learning the k in K-Means*）。

那么 K-Means 算法是如何工作的呢？简单来说，它的执行过程如下所示：

随机地初始化聚类中心
重复，直到收敛
　　把每个数据点指向离它最近的聚类中心
重新计算每个聚类的中心，更新为指向中心点的所有数据点的质心

这会导致许多次循环迭代：首先把数据指向 k 个类簇中心，然后计算出指向它的所有数据点的质心，将其作为新的中心。

让我们来实现它吧！

考虑下面的问题：已知一组二维工资数据（工作小时数、工资收入），从给定的数据集中找出两个员工群类，每个都有相似的工作小时数和相近的工资收入。

代码

如何在一行代码里完成这些工作？幸运的是，Python 中的 scikit-learn 库已经提供了 K-Means 算法的高效实现。清单 4-3 展示了 *K*-Means 聚类的一行流代码。

```
## 依赖
from sklearn.cluster import KMeans
import numpy as np

## 数据（小时数（h）/ 工资（$））
X = np.array([[35, 7000], [45, 6900], [70, 7100],
    [20, 2000], [25, 2200], [15, 1800]])
## 一行流
kmeans = KMeans(n_clusters=2).fit(X)

## 结果 & 思考
cc = kmeans.cluster_centers_
print(cc)
```

清单 4-3：*K*-Means 一行流

这段代码的输出结果是什么？即使你还没理解所有的语法细节，也可以先试试推测一下结果。这将会让你注意到知识的空白，为你的大脑更好地吸取算法知识做好准备。

它是如何工作的

在前面几行里，你从 sklearn.cluster 库里导入了 KMeans 模块，这个模块负责处理聚类的工作。还需要导入 NumPy 库，因为 KMeans 模块是基于 NumPy 数组工作的。

我们的数据是二维的，它把员工的工作时间和工资建立了关联。图 4-12 展示了这个员工数据集中的 6 个数据点。

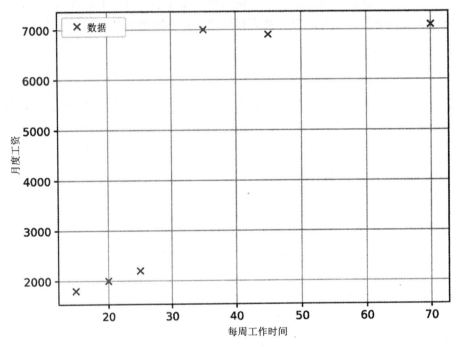

图 4-12：员工工资数据

目标是找出最符合这组数据的两个聚类。

```
## 一行流
kmeans = KMeans(n_clusters=2).fit(X)
```

这句单行代码创建了一个新的 KMeans 对象，用来执行这个算法。当创建 KMeans 对象的时候，使用参数 n_clusters 指定了聚类中心的数量。然后只需调用实例方法 fix(X)，在输入数据 X 上运行该算法，就会得到结果并存储在 KMeans 对象中。接下来就只剩下从对象属性中读取结果了。

```
cc = kmeans.cluster_centers_
print(cc)
```

注意，在 sklearn 包里面会约定俗成地在一些属性名尾部加下画线（例如 cluster_centers_），来表示这些属性是在训练阶段（用 fit() 函数）动态生成的。在训练阶段之前，这些属性是不存在的。这不属于 Python 命令惯例（尾部下画线只用来避免跟 Python 关键字的命名冲突，例如给变量起名为 list_而不是 list），当你习惯 sklearn 库的命名方式后，一定会欣赏它对属性命名的这种一致性。那么，这段代码的输出结果是什么，得到的类簇中心是什么呢？请看一下图 4-13。

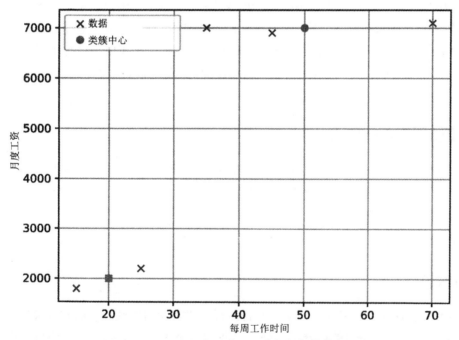

图 4-13：二维空间中的员工工资数据与类簇中心

可以看到，两个类簇中心是（20，2000）和（50，7000），也就是这段 Python 一行流的输出结果。这些聚类对应着两种理想化的员工画像：第一类员工每周工作 20

小时,每月收入 2000 美元;第二类员工每周工作 50 小时,月收入 7000 美元。这两种画像与原始数据的吻合程度相当高。于是把这个一行流代码片段的结果打印出来,如下所示:

```
## 结果
cc = kmeans.cluster_centers_
print(cc)
'''
[[   50. 7000.]
 [   20. 2000.]]
'''
```

小结一下,本节向你介绍了无监督学习的一个重要子课题:聚类。K-Means 算法是一种简单、高效和流行的方式,用于从多维数据中提取出 k 个类簇。算法在背后所做的是,迭代地计算类簇中心,并重新把每个数据指定给离它最近的类簇中心,直到找到最优的聚类结果。不过对寻找相似数据来说,聚类也并不总是最佳的选择,许多数据集没有表现出聚类的行为,但你仍然想要利用距离信息进行机器学习和预测。继续关注多维空间,探索另一种利用数据距离(欧氏距离)的方式:K-近邻算法。

K-近邻算法一行流

流行的 K-近邻算法(K-Nearest Neighbors,简称 KNN)被用于回归和分类的许多场景,如推荐系统、图像分类,以及金融数据预测。它是许多高级机器学习技术的基础(例如在信息检索中)。毫无疑问,了解 KNN 是构筑计算机科学知识体系的重要基石。

基础背景

KNN 算法是一种稳定、简明,并且流行的机器学习方法。它的实现很简单,但仍然是一种极具竞争力的机器学习技术。我们迄今为止讨论的所有其他机器学习模型都使用训练数据进行计算,并得到原始数据的某种重新呈现,可以用这些结果去对新数据进行预测、分类或者聚类。比如说,线性和逻辑回归算法通过学习得到模型参数,而聚类算法基于训练数据计算出类簇中心。然而,KNN 算法不一样,与其他方法相比，它不会去计算出一个新的模型（或呈现形式），而是使用**整个数据集**作为模型本身。

对，你没看错，这种机器学习模型只不过是一组可观测值，训练数据的每一个样本都是模型的一部分。这样做有优势也有劣势。一个缺点是，随着训练数据的增加，模型可能会迅速膨胀，这样可能需要采样或过滤作为预处理。但有个特别大的优点是，训练方法极为简单，把新数据添加到模型中即可。KNN 算法可用于预测或分类。给定输入向量 x，对其执行下面的策略：

1. 找到 x 的 k 个最近的邻居（根据预先定义的距离度量方式）；

2. 把 k 个最近邻居聚合成一个单独的预测或分类值。可以使用任何聚合函数，如均值、最大值或最小值。

举个例子，你的公司为客户销售房屋，并且已经得到了一个包含客户和房价的庞大数据库（见图 4-14）。有一天，客户问，一套 52 m² 的房子预计要花多少钱？你查询了 KNN 模型，它马上给出了 33167 美元的结果。而事实上，客户在同一周内果然找到了一套 33489 美元的房子。KNN 系统是如何得出准确度令人吃惊的预测的呢？

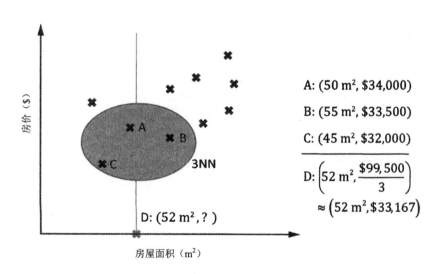

图 4-14：基于最近邻居 A、B、C，计算房屋 D 的价格

首先，KNN 系统简单地用欧氏距离计算出 $52m^2$（$D = 52\ m^2$）的 3 个（$k = 3$）最近邻居，分别是 A、B 和 C，对应的房价是 34000 美元、33500 美元和 32000 美元。然后，它通过计算这三个最近邻居的平均数来聚合这三个值。在这个例子中 $k = 3$，所以把这个模型记为 3NN。当然，也可以改变相似度函数、参数 k 以及聚合函数，来实现更复杂的预测模型。

KNN 的另一个优点是，随着新的观察结果的出现，它可以很容易地调整适应，很多机器学习模型是没有这样的特性的。与此对应的一个明显的弱点是，随着添加越来越多的点，寻找 k 个最近邻居的计算会变得越来越困难。为了适应这种情况，可以不断从模型中删除旧的无用值。

如上面所提到的，也可以用 KNN 解决分类问题。在这种情况下，可以采用 k 个近邻投票的机制而不是计算 k 个近邻的平均值，即每个近邻为它自己的分类投票，得票最高的分类获胜。

代码

仔细看看如何在 Python 中使用 KNN——只用一行代码（见清单 4-4）。

```
## 依赖
from sklearn.neighbors import KNeighborsRegressor
import numpy as np

## 数据（房屋面积(平方米), 房屋价格($))
X = np.array([[35, 30000], [45, 45000], [40, 50000],
              [35, 35000], [25, 32500], [40, 40000]])

## 一行流
KNN = KNeighborsRegressor(n_neighbors=3).fit(X[:,0].reshape(-1,1), X[:,1])

## 结果 & 思考
res = KNN.predict([[30]])
print(res)
```

清单 4-4：一行 Python 跑 KNN 算法

猜一猜：这段代码的输出结果是什么？

它是如何工作的

为了让结果便于理解,把这段代码里的房屋数据绘制在图 4-15 中。

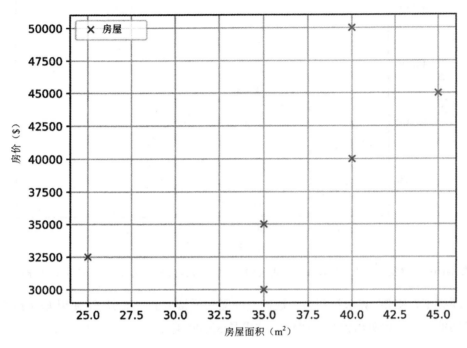

图 4-15:二维空间中的房屋数据

能看出总体的趋势吗?随着房屋面积的增加,可以预期房屋的市场价也会线性增加。面积翻番,价格也将翻番。

在代码清单 4-4 中,客户要求你对 30 m² 的房屋价格进行预测,那么 $k = 3$ 的 KNN 算法(简称 3NN)到底是怎么预测的呢?看一下图 4-16。

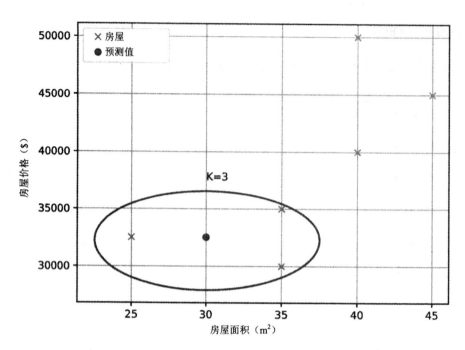

图 4-16：二维空间中的房屋数据。使用 KNN 对新数据点（面积为 30 m²）的房价进行预测

漂亮吧？KNN 算法找到与新数据点的面积最接近的三栋房子，使用 $k=3$ 最近邻居平均值的方式计算出预测的房价，结果是 32500 美元。

如果对一行流中的数据转换感到困惑，下面将快速解释一下这里都做了什么：

```
KNN = KNeighborsRegressor(n_neighbors=3).fit(X[:,0].reshape(-1,1), X[:,1])
```

首先，创建一个新的机器学习模型，类型叫作 `KNeighborsRegressor`。如果想用 KNN 进行分类的话，需要用 `KNeighborsClassifier`。

然后，通过给 `fit()` 函数传入两个参数来训练这个模型。第一个参数定义了输入值（房屋面积），第二个参数定义输出值（房屋价格）。这两个参数的形状都要求是类似数组的结构，比如说用 30 作为输入值，就得传入[30]。这样做的原因是，实际的输入值一般都是多维而不是一维的。因此，把输入值重塑一下：

```
print(X[:,0])
"[35 45 40 35 25 40]"
```

```
print(X[:,0].reshape(-1,1))
"""
[[35]
 [45]
 [40]
 [35]
 [25]
 [40]]
"""
```

注意，如果直接用这个一维 NumPy 数组作为 `fit()` 函数的输入值，该函数将无法工作。因为它期望的是由（类似数组的）观测值构成的数组，而不是整数构成的数组。

小结一下，这个一行流教你如何用仅仅一行代码，创建你的第一个 KNN 回归器。如果有大量不断变化的数据，对应模型也不断更新，那么 KNN 会是你最好的朋友！接下来看看最近超级火爆的机器学习模型：神经网络。

神经网络分析一行流

近年来，神经网络得到了大规模的普及。一部分原因是该领域的算法和学习技术得到了显著改进，同时也是因为硬件提升和通用 GPU（General-Purpose GPU，简称 GPGPU）计算技术的兴起。在本节中，你将会了解**多层感知器**（Multilayer Perceptron，简称 MLP），它是最流行的神经网络模型之一。读完之后，就可以用一行代码写出自己的神经网络程序了！

基础背景

我和邮件列表中的 Python 同事为本节的一行流专门准备了一个特殊的数据集。由于目标是创建一份与真实世界相关的数据，所以我邀请我的邮件订阅者们参与了本节的数据生成实验。

数据

既然你正在读这本书，说明对 Python 很感兴趣。为了创建一个有趣的数据集，我向我的邮件订阅者们问了 6 个关于他们的 Python 专业水平和收入的匿名问题。对这些问题的回答将作为简单神经网络示例的训练数据（在 Python 一行流中使用）。

训练数据基于下面 6 个问题回答：

- 在过去七天里，有多少小时在盯着 Python 代码？
- 从多少年前开始学习计算机科学？
- 书架上有多少本编程图书？
- 花在 Python 的时间中有多大比例用于真实世界的项目？
- 每月通过（最广泛意义上）出售技术能力能挣到多少钱（以 1000 美元取整）？
- Finxter 分数是多少（以 100 分为单位取整）？

前五个问题会作为输入，而第六个问题会是神经网络分析的输出。在本节的一行流示例中，你要学习的是神经网络回归，换句话说，根据数值输入的特征，预测出一个数值结果（Python 技能分）。神经网络的另外一个强势项目是神经网络分类，不过本书不讨论。

第六个问题可以大略地评估一个 Python 程序员的技能水平。Finxter（网址见链接列表 4.1 条目）是一个基于解题的学习应用，它根据编码者解决 Python 问题的表现给他们分配一个分数。这种方式可以量化 Python 技能水平。

先直观地看一下每个问题是如何影响输出（Python 开发者的技能分数）的，见图 4-17。

注意，这些图只是显示了每一个单独的特征（问题）如何影响到最终的 Finxter 分数，但它们没有告诉你两个或更多特征的组合会形成怎样的影响。还要注意的是，有些 Python 程序员没有回答全部 6 个问题，在这种情况下，使用虚拟值 -1。

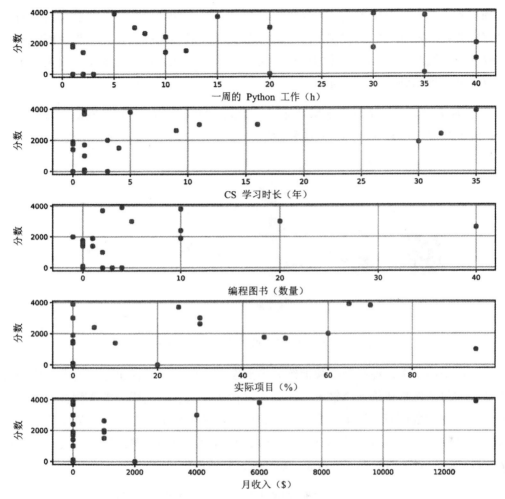

图 4-17：问卷答案与 Finxter 的 Python 技能分数的关系

人工神经网络是什么

近几十年来，人们对构建人脑理论化模型（生物神经网络）的想法进行广泛的研究，但人工神经网络的基本理念早在 20 世纪四五十年代就已经提出了！之后，人工神经网络的概念在不断被完善和改进。

其基本思路是把学习和推理的大型任务分解成多个微任务。这些微任务不是各

4　机器学习　**129**

自独立的,而是相互依赖的。真实的大脑由数十亿个神经元组成,它们又与数万亿个突触相连。在简化版的模型中,学习只是调整突触的**强度**(在人工神经网络中也叫**权重**或**参数**)。那么如何在模型中"创造"一个新的突触呢?很简单,只需要把它的权重从零增加到一个非零值。

图 4-18 展示了一个具有 3 层(输入、隐藏、输出)的基本神经网络。每层由多个神经元构成,从输入层到隐藏层和输出层,这些神经元相互连接在一起。

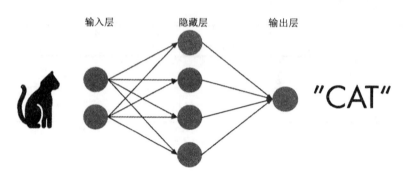

图 4-18:动物分类的简单神经网络分析

在这个例子中,神经网络被训练为检测图像中的动物。在实际使用中,你会把图像中的每个像素传给一个输入神经元,以构成输入层。这样会需要数百万个输入神经元,并与数百万个隐藏神经元相连。通常,每个输出神经元负责整体输出中的一个位(bit),比如说,要检测两种不同动物(如猫和狗),输出层只需要一个单独的神经元,以表达两种不同的状态(`0=cat,1=dog`)。

一个关键的理念是,当某种神经脉冲输入到神经元时,神经元会激活,或者叫"发射",每个神经元根据输入脉冲的强度,独立地决定是否发射。这样一来,就模拟了人脑,其中的神经元通过脉冲相互激活。输入神经元产生的激活行为在神经网络中传播,直到抵达输出神经元。一些输出神经元会被激活,另一些则不会。于是,所有输出神经元会形成某种特定的激活模式,作为人工神经网络最终的输出(或预测)。

在模型中,可以把发射的输出神经元编码为 1,非发射的输出神经元编码为 0。这样,就可以训练神经网络来预测任何可以表示为 0 和 1 的东西(也就是计算机可以表示的一切)。

来仔细观察一下描述神经元工作的数学原理，见图 4-19。

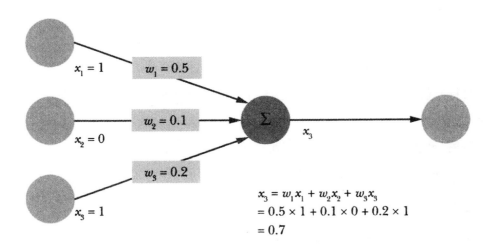

$$x_3 = w_1x_1 + w_2x_2 + w_3x_3$$
$$= 0.5 \times 1 + 0.1 \times 0 + 0.2 \times 1$$
$$= 0.7$$

图 4-19：单个神经元的数学模型：输出值是 3 个输入值的函数

每个神经元都与其他神经元相连，但并非所有的连接都是平等的。相反，每个连接都有一个相关权重。从形式上来看，一个发射神经元向它外面的邻居传播了值为 1 的脉冲，而一个非发射神经元传播的脉冲为 0。可以认为权重是表示输入的发射神经元脉冲中有多少通过连接传递给了目标神经元。从数学上来说，把输出的脉冲乘以连接的权值来计算进入下一个神经元的输入。在例子中，神经元简单地把所有的输入加在一起，以计算自己的输出。这就是**激活函数**，它描述了一个神经元的输入是如何产生输出的。在示例中，如果一个神经元相关的输入神经元处于发射态，那它发射的可能性就比较高。这就可以看出，脉冲是如何在神经网络中传播的。

那么学习算法做了什么呢？它的工作就是使用训练数据选择神经网络的权重 w。给定一个训练输入值 x，不同的权重 w 会导致不同的输出，于是，学习算法可以在多次迭代中逐渐改变权重 w，直到输出层产生与训练数据相似的结果。换句话说，训练算法逐渐降低了与正确预测训练数据相比的误差。

网络结构、训练算法和激活函数有很多种，本章展示了其中一种可以马上动手实践神经网络的方法，而且只需要一行代码。之后你可以根据需要了解更多精微的细节，并对程序加以改进（例如可以先阅读维基百科上的"神经网络"条目，网址见链接列表 4.2 条目）。

代码

目标是创建一个神经网络，通过 5 个输入特征（对这些问题的回答），来预测 Python 技能水平（Finxter 分数）：

每周 最近七天在 Python 代码前的时间是多少小时？

年限 图书从多少年前开始学习计算机科学？

图书 书架上有多少本编程图书？

项目 花在 Python 的时间中有多少比例用于实现真实世界的项目？

收入 每月通过（最广泛意义上）出售技术能力能挣到多少钱（以 1000 美元取整）？

再次站在巨人的肩上，使用 scikit-learn（sklearn）库来实现神经网络回归，如清单 4-5 所示。

```
## 依赖
from sklearn.neural_network import MLPRegressor
import numpy as np

## 问卷数据（每周、年限、图书、项目、收入）
X = np.array(
    [[20, 11, 20, 30, 4000, 3000],
     [12,  4,  0,  0, 1000, 1500],
     [ 2,  0,  1, 10,    0, 1400],
     [35,  5, 10, 70, 6000, 3800],
     [30,  1,  4, 65,    0, 3900],
     [35,  1,  0,  0,    0,  100],
     [15,  1,  2, 25,    0, 3700],
     [40,  3, -1, 60, 1000, 2000],
```

```
       [40,  1,  2, 95,    0, 1000],
       [10,  0,  0,  0,    0, 1400],
       [30,  1,  0, 50,    0, 1700],
       [ 1,  0,  0, 45,    0, 1762],
       [10, 32, 10,  5,    0, 2400],
       [ 5, 35,  4,  0, 13000, 3900],
       [ 8,  9, 40, 30,  1000, 2625],
       [ 1,  0,  1,  0,    0, 1900],
       [ 1, 30, 10,  0,  1000, 1900],
       [ 7, 16,  5,  0,    0, 3000]])

## 一行流
neural_net = MLPRegressor(max_iter=10000).fit(X[:,:-1], X[:,-1])

## 结果
res = neural_net.predict([[0, 0, 0, 0, 0]])
print(res)
```

清单 4-5：一行代码中的神经网络分析

人类是不可能正确地判断输出结果的——不过你想试试吗？

它是如何工作的

前几行代码定义了数据集，scikit-learn 库中的机器学习算法都使用类似的输入格式。每一行都是一个单独的观测值，每个观测值由多个特征组成。行越多，意味着训练数据越多；列越多，意味着每个观测值的特征越多。在这个例子中，对于每个训练数据，输入值有 5 个特征，输出值有一个特征。

这个一行流通过使用 MLPRegressor 类的构造函数创建了一个神经网络。传入 `max_iter=10000` 作为参数，因为如果用默认迭代数（`max_iter=200`），该训练无法达到收敛的程度。

然后调用 `fit()` 函数，以确定神经网络的参数。调用 `fit()` 后，神经网络就被成功地初始化了。`fit()` 函数接受一个多维输入数组（每行一个观测值，每列一个特征）和一个一维输出数组（数组大小为观测值的数量）作为参数。

现在唯一剩下的事情，就是找一些输入值，调用 `predict` 函数进行预测。

```
## 结果
res = neural_net.predict([[0, 0, 0, 0, 0]])
print(res)
# [94.94925927]
```

注意,由于收敛过程的不同,以及这个函数内在的非确定性,实际的输出可能会略有差别。

简单地说就是:如果……

- ……在上周训练了 0 小时;
- ……在 0 年前才开始学习计算机科学;
- ……书架上有 0 本编程图书;
- ……花了 0% 的时间实现真实世界 Python 项目;
- ……通过出售编程技能获得 0 元收入。

那么,神经网络估计出技术水平很低(Finxter 94 分意味着在理解 Python 程序 print("hello, world") 上存在困难)。

所以,做一点改变:如果每周花 20 小时编程,一周后再来跑这个神经网络,结果会怎么样?

```
## 结果
res = neural_net.predict([[20, 0, 0, 0, 0]])
print(res)
# [440.40167562]
```

还行,技能提升相当明显!但对评分还是不满意,对吧(一个高于平均水平的 Python 程序员的 Finxter 至少有 1500~1700 分)?

没问题,去买 10 本 Python 书(除了这本,只差 9 本了)。看分数发生了什么变化:

```
## 结果
res = neural_net.predict([[20, 0, 10, 0, 0]])
print(res)
# [953.6317602]
```

再一次获得十分显著的进步，分数翻了一番！但是光买一堆 Python 书帮助也不大，需要学习它们！先学上一年。

```
## 结果
res = neural_net.predict([[20, 1, 10, 0, 0]])
print(res)
# [999.94308353]
```

结果并没发生太大变化。这就是我不太相信神经网络的地方。在我看来，你应该得到一个更高的评价，至少 1500 分。但这也说明，神经网络的质量取决于其训练数据。当你只有非常有限的数据时，屈指可数的数据点中包含的知识量也少，这对神经网络的限制是难以克服的。

但是你不想放弃，对吧？接下来，你要把 50% 的 Python 时间都用于技能售卖，成为一名 Python 自由职业者。

```
## Result
res = neural_net.predict([[20, 1, 10, 50, 1000]])
print(res)
# [1960.7595547]
```

嘭！突然间，神经网络认为你是一个 Python 编码专家了。事实的确如此，神经网络做出了明智的预测！学习 Python 至少一年并且上手实际的项目，你会成为一个优秀的程序员。

总结一下，你已经了解了神经网络的基础知识，以及如何在一行 Python 代码中使用它。有趣的是，问卷调查数据表明，从实际项目开始着手——甚至是从一开始就接自由项目——对你的技能成长会有极大帮助，神经网络对这个道理了如指掌。如果你想了解我成为自由职业者的具体策略，请加入最前沿的 Python 自由职业者网上研讨会，网址见链接列表 4.3 条目。

在下一节中，你将会深入学习另一种强大的模型表示方法：决策树。神经网络的训练成本可能相当高（它们经常需要多台机器花许多小时，有时候甚至是数周时间来训练），决策树却相当轻量。尽管如此，它仍是一种快速、有效地从训练数据中发现提取模式的方法。

决策树学习一行流

决策树是机器学习工具箱中一种强大而直观的工具。决策树的一大优势是，与许多其他机器学习技术不同，它是人类可读的。你可以轻松地训练一个决策树并将它展示给你的主管，他们不需要知道任何关于机器学习的知识，就能看懂模型在做什么。这对数据科学家特别有用，因为他们经常需要向管理层展示工作结果，并加以解释和辩护。本节将展示如何通过一行 Python 代码使用决策树。

基础背景

与许多机器学习算法不同的是，决策树背后的理念会与自身的经验有颇多相似性。它表示一种结构化的决策方式，在此结构中，每个决策会开启新的分支，通过回答一堆问题，最终落在推荐的结果上。图 4-20 是一个例子：

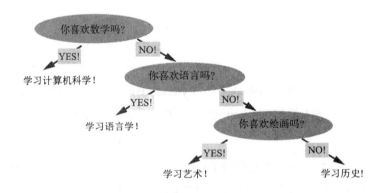

图 4-20：一个简化的决策树，推荐学习专业

决策树用于分类问题，如"鉴于兴趣，应该学习哪个专业"，你就可以从顶部开始，然后不断回答问题，选择最能够描述你的特征的答案。最后，到达树的一个叶子节点，也就是没有子节点的节点。这就是根据你的选取特征得到的推荐类。

决策树学习过程中有很多细微的差别。在前面的例子中，第一个问题比最后一个问题的权重更大。如果喜欢数学，决策树绝不会推荐艺术或语言学。这是很有用的，因为对分类决策来说，一些特征可能要比其他特征重要得多。例如，一个预测你当前健康状况的分类系统，会先根据性别（特征值）来排除掉很多实际上不可能存在的疾病（类别）。

因此，决策节点的顺序对性能有很大影响，把对最终分类影响较大的特征放在上面，会是有效的性能优化。在决策树学习中，你将把对最终分类影响不大的问题聚合在一起，如图 4-21 所示。

假设完整的决策树看起来像图 4-21 中左边的那样。对于任何特征组合，都有一个单独的分类结果（即树叶）。不过，可能会存在一些特征，针对我们的分类问题不会提供任何额外的信息（比如说第一个语言决策节点）。决策树学习会出于效率的原因把这些节点去掉，这个过程叫作剪枝。

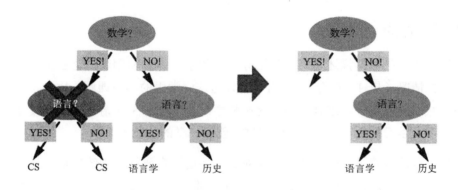

图 4-21：通过剪枝提高决策树学习的效率

代码

可以在一行 Python 代码中创建自己的决策树。清单 4-6 展示了如何做到这一点：

```
## 依赖
from sklearn import tree
import numpy as np

## 数据：学生成绩（数学、语言、创造力）--> 学习专业
X = np.array([[9, 5, 6, "computer science"],
              [1, 8, 1, "linguistics"],
```

```
                    [5, 7, 9, "art"]])

## 一行流
Tree = tree.DecisionTreeClassifier().fit(X[:,:-1], X[:,-1])

## 结果和思考
student_0 = Tree.predict([[8, 6, 5]])
print(student_0)
student_1 = Tree.predict([[3, 7, 9]])
print(student_1)
```

清单 4-6：仅用一行代码实现决策树分类

猜一猜这段代码的输出结果！

它是如何工作的

这段代码中的数据描述了三个学生分别在数学、语言和创造力这三个领域的能力水平评估情况（从 1~10 分），同时你也知道这些学生的学习课题。比如说，第一个学生的数学能力很强，选择学习计算机科学；第二个学生在语言方面的技能远超过其他两项，学习语言学；第三个学生擅长创意，学的是艺术。

这句一行流创建了一个新的决策树对象，并通过在已标注训练数据（最后一列即标注）上使用 fit() 函数来训练模型。在内部，它创建了三个节点，每个都对应一种特征：数学、语言和创造力。当你对学生 student_0（数学 = 8，语言 = 6，创造力 = 5）进行预测时，决策树返回了计算机科学。

这说明模型已经学到，（高、中、中）这样的特征模式表明应该分到第一个类中。另一方面，当被问及（3，7，9）的分类时，决策树预测为艺术，因为它已经学到（低，中，高）这样的分数提示了应该被分到第三类。

注意，该算法是具有不确定性的，也就是说，当两次执行同样的代码时，可能会出现不同的结果。使用随机数生成器的机器学习算法经常会有这种情况。对于这里用到的算法来说，特征的顺序是随机组织的，所以最终生成的决策树就可能具有不同的特征顺序。

小结一下，决策树是创建人类可读的机器学习模型的一种直观方式，其中每个分支都代表对应新数据的每个特征所做出的选择。树的叶子节点代表了最终的预测结果（分类或回归）。接下来，暂时离开具体的机器学习算法，来探讨一下机器学习中的一个关键概念：方差。

一行流计算方差最小的数据行

你可能已经读到过大数据领域的"几个 V"：大规模（volume）、高速性（velocity）、多样化（variety）、准确性（veracity）和价值化（value）。而**方差**（variance）也是另一个重要的 V：它衡量的是数据与其平均值的预期（平方）差距。在实践中，方差是一个重要的衡量标准，在金融服务、天气预报和图像处理等相关领域都有应用。

基础背景

方差衡量了数据在一维或多维空间中围绕其平均值的发散程度，一会儿会看到一个图像化的例子。实际上，方差是机器学习中最重要的属性之一，它以一种概括的方式来捕捉数据中的模式——而模式识别正是机器学习的核心。

很多机器学习算法都依赖于某种形式的方差。比如说**偏差-方差均衡**（bias-variance trade-off）就是机器学习中一个众所周知的问题：复杂的机器学习模型会有过度拟合数据的风险（高方差），但却可以准确地表示训练数据（低偏差）；另一方面，简单的模型往往能很好地泛化（低方差）但却不能准确地表示数据（高偏差）。

所以方差到底是什么？它是一个简单的统计属性，反映了数据集相对其平均值的发散程度。图 4-22 展示了一个例子，其中的两组数据，一个是低方差，一个是高方差。

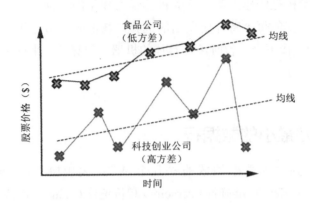

图 4-22：两家公司股价的方差对比

这个例子显示了两家公司的股票价格。科技创业公司的股价围绕其均线的波动很大，食品公司则相对稳定，只围绕均线小幅波动。换句话说，科技创业公司股价具有高方差，而食品公司股价具有低方差。

用数学的术语来表达，可以通过如下所示公式计算一个数值集合 X 上的方差 *var(X)*。

$$var(X) = \sum_{x \in X}(x - \bar{x})^2$$

其中 $\bar{x}$ 表示数据 X 的平均值。

代码

随着年龄的增长，很多投资者都希望降低投资组合的整体风险。根据主流的投资理念，你应该考虑那些方差较小的股票作为低风险的投资工具。粗略地讲，投资于一家稳定、可预测的大公司，而不是一家小型科技创业公司，你可能损失的钱会更少。

清单 4-7 中一行流的目的是找出投资组合中方差最小的股票。通过向这只股票投入更多的资金，可以降低投资组合的整体方差。

```
## 依赖
import numpy as np

## 数据(行:股票 / 列:股价)
X = np.array([[25,27,29,30],
              [1,5,3,2],
              [12,11,8,3],
              [1,1,2,2],
              [2,6,2,2]])

## 一行流
# 找出方差最小的股票
min_row = min([(i,np.var(X[i,:])) for i in range(len(X))], key=lambda x: x[1])

## 结果与思考
print("Row with minimum variance: " + str(min_row[0]))
print("Variance: " + str(min_row[1]))
```

清单 4-7:使用一行代码计算最小方差

这段代码的输出结果是什么?

它是如何工作的

跟往常一样,首先定义单行程序所需的数据(见清单 4-7 的顶部)。NumPy 数组 X 包含了 5 行(每行对应了投资组合中的一个股票),每行有四个代表股价的数值。

目标是找出具有最小方差的股票及其方差。一行流中最外层的函数是 min(),对一个元组的序列 (a, b) 执行 min(),元组的第一个值 a 是行索引(即股票的索引),第二个值 b 即该行的方差。

你也许会问,对一个元组的序列怎么计算最小值?当然,需要在计算之前先正确定义这个操作。这行的末尾,通过 min() 函数的 key 参数传入了一个比较函数,这个函数对于给定的序列元素,会返回一个可比较大小的对象。再看看这个序列,它是由元组构成的,你想要找的是具有最小方差的元组。由于方差是元组的第二个元素,所以需要返回 x[1] 作为比较的标准。也就是说,第二个元素最小的元组会赢得排序首位。

看一下这个元组序列是如何创建的。使用列表解析对每行（即每个股票）生成一个元组，元组中第一个元素就是这一行的索引 i，第二个元素是该行的方差。通过把 NumPy 的 var() 函数和切片结合使用，就可以计算出每行的方差。

于是，这个一行流给出了如下所示的结果：

```
"""
Row with minimum variance: 3
Variance: 0.25
"""
```

我想补充的是，这个问题还有另一种解法。如果这不是一本关于 Python 一行流的书，我更喜欢下面这个方案而不是一行流：

```
var = np.var(X, axis=1)
min_row = (np.where(var==min(var)), min(var))
```

在第一行中，沿着列方向（1 轴的方向，axis=1）计算了 NumPy 数组 X 的方差。第二行中，创建了一个元组，其中第一个值是方差数组中的最小值的索引，第二个值就是这个最小值。注意，可能有多行具有同样（最小）的方差。

这个解决方案更具有可读性。所以很明显，在简洁和可读之间会有一个权衡，虽然你能把所有东西塞进一行里面，但并不意味着就应该这么做。在不考虑其他因素的情况下，代码简洁和可读是最重要的。不要用没有必要的冗繁定义、注释和中间步骤把代码"炸"得支离破碎。

在本节中学习了方差的基本知识后，你已经做好了准备，可以学习基本的统计学知识了。

基本统计一行流

作为一名数据科学家和机器学习工程师，需要了解基本的统计学知识。有些机器学习算法甚至是完全基于统计学的（如贝叶斯网络）。

例如，从矩阵中提取出基本的统计量（如均值、方差和标准差），是对各种数据集，如金融数据、健康数据或社交媒体数据，进行分析的关键手段。随着机器学习和数据科学的兴起，了解如何使用 NumPy——它在 Python 数据科学、统计学和线性代数中处于核心地位——将具有越来越重要的市场价值。

在这个一行流中，将学到如何在 NumPy 中进行基本的统计计算。

基础背景

本节将解释如何沿指定的轴向计算平均值、标准差和方差。这三种计算非常类似，理解了一个，也就理解了全部。

下面是要达成的目标：给定一个表示股票数据的 NumPy 数组，其中每行代表不同公司，每列代表其每天的股价，要求你找出每家公司股价的均值和标准差（见图 4-23）。

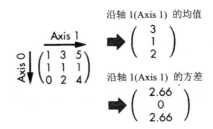

图 4-23：沿轴 1 的方向计算均值和方差

这个例子展示的是二维 NumPy 数组，但实践中使用的数组维度可能比这高得多。

简单的均值、方差、标准差

在研究如何用 NumPy 实现这个功能之前，先一步步地构建需要的背景知识。假设只想简单地计算整个 NumPy 数组中所有元素的均值、方差或标准差，应该怎么做呢？均值和方差函数的例子已经在本章中见过了，标准差只需简单地计算方差的平方根即可得到。可以通过下面的函数轻松地实现：

```
import numpy as np

X = np.array([[1, 3, 5],
              [1, 1, 1],
              [0, 2, 4]])

print(np.average(X))
# 2.0

print(np.var(X))
# 2.4444444444444446

print(np.std(X))
# 1.5634719199411433
```

你可能已经注意到，尽管是在二维的 NumPy 数组 X 上执行的这些函数，但 NumPy 会把数组拉平成一维，并在拉平后的数组上做计算。比如说，拉平后的 NumPy 数组 X 的平均值是像下面这样计算的：

$$(1 + 3 + 5 + 1 + 1 + 1 + 0 + 2 + 4) / 9 = 18 / 9 = 2.0$$

沿轴向计算均值、方差和标准差

然而，有时候想要沿着某个轴的方向来计算这些函数，可以使用均值、方差和标准差函数中的关键字参数 axis 来实现（参见第 3 章中关于 axis 参数的详细介绍）。

代码

清单 4-8 展示了具体怎样沿轴向计算均值、方差和标准差。目标是在二维矩阵中对每个股票计算这些指标。数组中的行表示股票，列表示每日股价。

```
## 依赖
import numpy as np
## 股价数据：5 家公司
# (行=[第 1 天股价, 第 2 天股价, ...])
x = np.array([[8, 9, 11, 12],
              [1, 2, 2, 1],
              [2, 8, 9, 9],
              [9, 6, 6, 3],
```

```
            [3, 3, 3, 3]])
## 一行流
avg, var, std = np.average(x, axis=1), np.var(x, axis=1), np.std(x, axis=1)
## 结果 & 思考
print("Averages: " + str(avg))
print("Variances: " + str(var))
print("Standard Deviations: " + str(std))
```

清单 4-8：沿轴向的基本统计计算

猜一猜思考题的输出结果！

它是如何工作的

这个一行流程序使用 `axis` 关键字指定沿着哪条轴的方向计算均值、方差和标准差。如果沿着 `axis=1` 执行这三个函数，就会把每行聚合为一个单独的值。因此，作为计算结果的 NumPy 数组的维数被降为一维。

思考题的结果如下所示：

```
"""
Averages: [10.  1.5  7.  6.  3. ]
Variances: [2.5  0.25  8.5  4.5  0. ]
Standard Deviations: [1.58113883  0.5  2.91547595  2.12132034  0.  ]
"""
```

在进入下一个一行流之前，先展示一下如何把同样的理念应用在更高维的 NumPy 数组上。

当沿着高维 NumPy 数组的某个轴计算均值时，所要做的其实就是把那个轴（也就是 `axis` 参数所定义的轴）聚合成一个值。见下面的示例：

```
import numpy as np
x = np.array([[[1,2], [1,1]],
              [[1,1], [2,1]],
              [[1,0], [0,0]]])

print(np.average(x, axis=2))
```

```
print(np.var(x, axis=2))
print(np.std(x, axis=2))

"""
[[1.5 1. ]
 [1.  1.5]
 [0.5 0. ]]
[[0.25 0. ]
 [0.   0.25]
 [0.25 0. ]]
[[0.5 0. ]
 [0.  0.5]
 [0.5 0. ]]
"""
```

这是沿着 2 轴（见第 3 章，即最内层的轴）计算均值、方差和标准差的三个示例。换句话说，2 轴的所有值都被合并成单独的一个值，这导致 2 轴在结果数组中被消除掉。仔细观察这三个例子，弄清楚 2 轴具体是被怎样压缩成一个单独的平均值、方差或标准差的。

总结一下，你要从各种各样类型的数据集（包括金融数据、健康数据和社交媒体数据）中分析提炼出一些基本的见解，本节让你更深入地了解了如何使用强大的 NumPy 工具集，从多重数组中快速有效地提取基本的统计数据。这也是许多机器学习算法所需要的基本的预处理步骤。

支持向量机分类一行流

支持向量机（SVM）近年来得到了大规模的普及，因为它们具有强大的分类能力，即使在高维空间中也是如此。令人惊讶的是，即使维度（特征）比数据项还多，SVM 仍能工作。这对于分类算法来说是不同寻常的，原因是所谓维度的诅咒：随着维度的增加，数据变得极其稀疏，这使得算法很难从数据集中寻找模式。理解 SVM 的基本思想，是成为一名成熟的机器学习工程师的必要步骤。

基础背景

分类算法是如何工作的？它们使用训练数据找到一个决策边界，将一类数据与另一类数据划分开来。

对分类的高层次观察

图 4-24 展示了一个一般化的分类器例子。

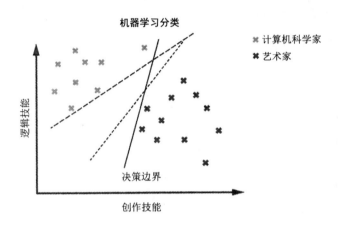

图 4-24：计算机科学家和艺术家的各种技能组合

假设你想为有理想的大学生建立一个推荐系统。图 4-24 可视化展示了由一些用户组成的训练数据，根据逻辑和创造力两个方面的技能，已经对这些用户进行了分类。有些人逻辑能力强，创造力相对弱；有的人创造力强，逻辑能力相对弱一些。第一组被标注为**计算机科学家**，第二组被标注为**艺术家**。

为了对新用户进行分类，机器学习模型必须找到一个决策边界，以区分计算机科学家和艺术家。大致来说，应根据用户相对于决策边界的位置对其分类。在这个例子中，把落入左边区域的用户分为计算机科学家，而把落入右边区域的用户归为艺术家。

在二维空间中，决策边界是一条直线，或者是一条（高阶）曲线。前者叫**线性分类器**，后者叫**非线性分类器**。本节只探讨线性分类器。

图 4-24 展示了三种决策边界，它们都是有效的数据分隔线。在例子中，不可能

量化地确定这些决策边界中哪一个更好，它们在对训练数据进行分类时都能提供完美的准确性。

可是最佳的决策边界是什么

支持向量机（Support-vector machine，简称 SVM）为这个问题给出了一个漂亮而独特的答案。提供最大安全间隔的决策边界，可以认为是最佳决策边界。换句话说，SVM 可以最大化离决策边界最近的数据点与它的距离。这样做的目的是为了使那些接近决策边界的新数据的分类误差最小化。

图 4-25 展示了一个例子：

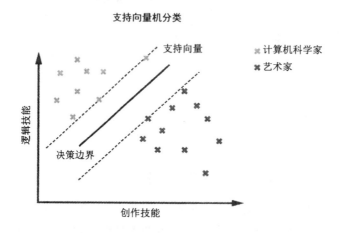

图 4-25：支持向量机最大化了间隔以减少误差

SVM 分类器会找到对应的支持向量，让支持向量之间的区域尽可能厚。在本例中，支持向量就是与决策边界相平行的两条虚线上的那几个数据点。这几条虚线之间的区域称为**间隔**（margin），决策边界选用与间隔边界最远的、位于正中间的直线，也就最大化了间隔区域及支持向量与决策边界的距离，同时最小化了新数据点分类时的**误差区域**。这种思想在许多实际问题中都表现出了很高的分类准确度。

代码

有没有可能只用一行 Python 代码实现你自己的 SVM 呢？看看清单 4-9。

```
## 依赖
from sklearn import svm
import numpy as np

## 数据：学生成绩（数学，语言，创造力）--> 学习专业
X = np.array([[9, 5, 6, "computer science"],
              [10, 1, 2, "computer science"],
              [1, 8, 1, "literature"],
              [4, 9, 3, "literature"],
              [0, 1, 10, "art"],
              [5, 7, 9, "art"]])

## 一行流
svm = svm.SVC().fit(X[:,:-1], X[:,-1])

## 结果 & 思考
student_0 = svm.predict([[3, 3, 6]])
print(student_0)
student_1 = svm.predict([[8, 1, 1]])
print(student_1)
```

清单 4-9：用一行代码进行 SVM 分类

猜猜这段代码的输出结果。

它是如何工作的

　　这段代码一步步地展示了如何用最基本的方式在 Python 中使用支持向量机。这个 NumPy 数组存放着已标注的训练数据，每行是一个用户，每列是一个特征（数学、语言和创造力的技能水平）。最后一列即为标注（类别）。

　　因为数据是三维的，支持向量机会使用（线性的）二维平面而不是一维直线对数据进行分隔。正如你所看到的，它也可以把数据分为三个类别，而不是像前面的例子那样只分成两类。

　　这个一行流本身是很简单的：首先通过 svm.SVC 类（SVC 代表支持向量分类）创建出模型，然后调用 fit() 函数，基于标注数据对其进行训练。

在这段代码的结果部分，对新的观测值调用 predict() 函数，由于 student_0 的技能水平是数学=3、语言=3、创造力=6，支持向量机预测"艺术"标签符合这个学生的技能。类似地，student_1 的技能为数学=8、语言=1，以及创造力=1，所以支持向量机预测"计算机科学"标签最适合这个学生。

下面是这个一行流的最终输出结果：

```
## 结果 & 思考
student_0 = svm.predict([[3, 3, 6]])
print(student_0)
# ['art']

student_1 = svm.predict([[8, 1, 1]])
print(student_1)
# ['computer science']
```

来小结一下。即使是在特征数量比训练数据向量还多的高维空间中，SVM 仍然能表现良好。安全间隔最大化的思想十分直观，在处理边界情况（即落在安全间隔以内的数据）时，仍然能体现出稳健强大的分类能力。在本章的最后一节，我们将后退一步，看一看分类的元算法：随机森林的集成学习。

随机森林分类一行流

接下来讨论一种令人兴奋的机器学习技术：**集成学习**。如果算法预测准确率还不够，但需要不惜一切代价赶在最后期限前完成任务，推荐一个快糙猛的法子：元学习。它结合了多种机器学习算法的预测（或分类）方法，或许会在最后一刻给你一个满意的结果。

基础背景

在前面，已经学到了多种可以快速获取结果的机器学习算法。然而，不同的算法有不同的优势。比如说，神经网络分类器可以为复杂的问题输出极佳的结果，但是正因为具有在极细粒度下记忆数据模式的强大能力，它们也容易对数据进行过度拟合。往往事先无法知道，究竟哪种机器学习技术的效果最好，而用集成学习来进行分类，可以部分地克服这个问题。

这是怎么做到的？实际上创建的是由多种类型或多个实例的基本机器学习算法组合而成的元分类器。换句话说，训练多个模型，对一个单独的观测值进行分类时，你让所有的模型独立地对这个输入分类。对每一个给定输入，取返回频率最高的分类作为**元预测**。这就是集成学习算法的最终输出。

随机森林是集成学习算法中的一种特殊类型。它们专注于决策树学习。一座森林是由许多树组成的，同样，一个随机森林由许多决策树构成。每个决策树都是通过在训练阶段生成树的过程中注入随机性（例如树的节点选择顺序）而得到的。这将导致各种各样的决策树——正是你想要的。

图 4-26 展示了一个训练好的随机森林是如何在下面的场景中进行预测的。给定条件为 Alice 的数学和语言技能很强。使用由三个决策树（构建了一个随机森林）的**集成**对 Alice 进行分类，每个决策树单独计算 Alice 的类别后，其中两个都把 Alice 分类为计算机科学家。由于这个类别得到了最多的投票数，它将作为分类的最终结果被输出。

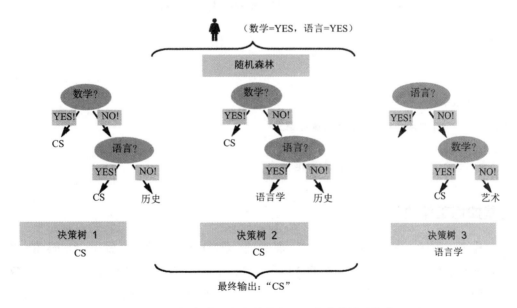

图 4-26：随机森林分类器聚合了三个决策树的输出

4　机器学习

代码

继续考察这个例子,基于一个学生在三个领域(数学、语言、创造力)的技能水平,对其学习专业进行分类。你也许会觉得在 Python 中实现集成学习的方法会比较复杂,但事实并非如此,这要归功于功能全面的 scikit-learn 库(见清单 4-10)。

```
## 依赖
import numpy as np
from sklearn.ensemble import RandomForestClassifier

## 数据:学生成绩(数学,语言,创造力) --> 学习专业
X = np.array([[9, 5, 6, "computer science"],
              [5, 1, 5, "computer science"],
              [8, 8, 8, "computer science"],
              [1, 10, 7, "literature"],
              [1, 8, 1, "literature"],
              [5, 7, 9, "art"],
              [1, 1, 6, "art"]])

## 一行流
Forest = RandomForestClassifier(n_estimators=10).fit(X[:,:-1], X[:,-1])

## 结果
students = Forest.predict([[8, 6, 5],
                           [3, 7, 9],
                           [2, 2, 1]])
print(students)
```

清单 4-10:使用随机森林分类器进行集成学习

猜一猜:这段代码的输出结果是什么?

它是如何工作的

清单 4-10 中,对标注训练数据进行初始化之后,代码使用 RandomForestClassifier 类的构造函数创建一个随机森林,通过参数 n_estimators 定义了树林中的树数目。接下来,调用函数 fit() 来填充前面构造函数生成的模型(一个空的森林),其中,输入训练数据由数组 X 中除最后一列外的

所有数据组成，训练数据的标注则定义在最后一列。跟之前的例子一样，使用切片从数据数组 X 中提取了相应的列数据。

在这段代码中，分类的部分跟之前略有不同，展示了如何对多个观测值而不是只对一个进行分类。在这里可以通过传入一个多维数组来实现，每行是一个观测值。

下面是这段代码的输出：

```
## Result
students = Forest.predict([[8, 6, 5],
                           [3, 7, 9],
                           [2, 2, 1]])
print(students)
# ['computer science' 'art' 'art']
```

注意，结果仍然是不确定的（代码的多次执行结果可能不同），因为随机森林算法依赖随机数生成器，它在不同的时刻会返回不同的随机数。你可以通过使用整数类型参数 random_state 使返回值变成确定的。比如，可以在调用随机森林构造函数的时候把 random_state 设为 1：RandomForestClassifier (n_estimators=10, random_state=1)。这样的话，每次创建一个新的随机森林分类器时，都会产生相同的输出结果，因为生成的随机数是相同的，都基于随机种子 1。

小结一下，本节介绍了一种分类的元方法：通过综合各种不同决策树的输出来降低分类结果的方差。这是集成学习的其中一个版本，它将多个基本模型组合成一个单独的元模型，并能够利用到这些模型各自的优势。

注意

使用两个不同的决策树时，可能一种给出好的结果，另一种没有，这会导致较高的方差。通过使用随机森林，会减轻这种效应。

这种思路的变体在机器学习中很常见，如果你需要快速提高预测准确度，只需运行多个机器学习模型，评估它们的输出并从中找到最好的一个（机器学习从业者的一种快糙猛秘诀）。从某种程度上来说，集成学习技术相当于自动执行了现实中的机器学习流水线里面，专家们经常手工操作的任务：即选择、比较和组合不同机器学习模型的输出结果。但集成学习的最大优势在于，可以在运行时针对每个不同的数据分别执行这套操作。

总结

　　本章涵盖了 10 种基本的机器学习算法，这些算法是你在该领域取得成功的基础。已经了解了对值进行预测的回归算法，如线性回归、KNN 和神经网络，并且学习了分类算法，如逻辑回归、决策树学习、SVM，以及随机森林。此外，还学到了如何对多维数据进行基本的统计计算，以及使用 K-Means 算法进行无监督学习，这些都是机器学习领域中最为重要的算法和模型。如果你想要开始从事机器学习工程师的工作，那么还有很多需要学习的内容，这些学习会获得不菲的回报——机器学习工程师在美国的收入通常为六位数（简单的网络搜索就可以证实）！对想在机器学习方面深入钻研的学生，推荐 Andrew Ng 的优秀（且免费）的 Coursera 课程。只需要问问你最喜欢的搜索引擎，就能找到在线课程资料。

　　在下一章中，将学习高效率程序员最重要（也是最被低估）的技能之一：正则表达式。本章或许更多地聚焦在概念方面（学习了基本的思路，但 scikit-learn 库把重活都干了），不过下一章将会高度技术化。所以，撸起袖子往下读吧！

5

正则表达式

你是一位办公人员、软件开发者、经理、博主、研究人员、写作者、文案策划、教师或自由职业人员吗？不论是哪种，大概率每天都在电脑前度过很多很多时间。那么，提高每天的产出——哪怕只是一个很小的百分比——都意味着价值数千甚至数万美元的生产力和每年数百小时的空闲时光。

这一章会介绍一种被低估的技术——正则表达式，它可以帮助编码大师更高效地处理文本数据。展示的 10 种使用正则表达式的方法，会节省大量时间和精力，让你在解决日常问题时事半功倍，绝对值得你投入时间认真学习！

在字符串中找到基本文本模式

本节开始介绍正则表达式，包括使用 re 模块及其重要函数 re.findall()。先从一些基本的正则表达式开始吧。

基础背景

正则表达式（regular expression，简称 regex）形式化地描述了一种搜索模式，用来匹配文本中的某些部分。图 5-1 中的简单例子展示了如何在莎士比亚的作品《罗密欧与朱丽叶》中查找模式 Juliet。

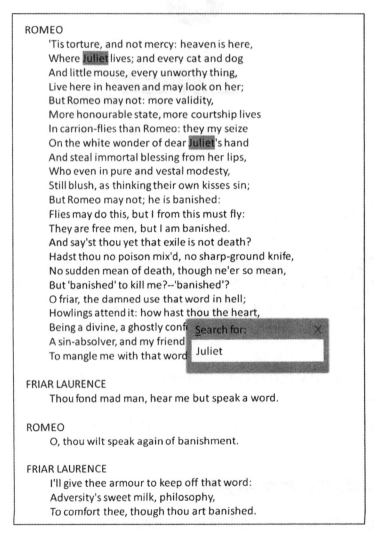

图 5-1：在莎士比亚的作品《罗密欧与朱丽叶》中查找模式 Juliet

如图 5-1 所示，最基本的正则表达式就是一个简单的字符串。如字符串`'Juliet'`就是一个完全合法的正则表达式。

正则表达式的功能强大得令人难以置信，可以做到的事情远不止常规的文本查找，但构建它们却只需使用少量的基本命令。学习了这些基本的命令，你就能理解和写出复杂的正则表达式了。在本节中，重点介绍三种最重要的正则指令，它们有效地扩展了在给定文本中查找字符串模式的功能。

点语法

首先，需要知道如何用**点语法**（即符号 **.**）来匹配任意字符。正则表达式中的 **.** 可以匹配任何一个字符（包括空白字符）。当你想匹配**恰好**一个字符，但无所谓这个字符是什么时，就可以用它来表示了：

```
import re

text = '''A blockchain, originally block chain,
is a growing list of records, called blocks,
which are linked using cryptography.
'''

print(re.findall('b...k', text))
# ['block', 'block', 'block']
```

这个例子用了模块`re`的方法`findall()`。第一个参数就是要使用的正则表达式：它搜索任何以字符`'b'`开始、紧接三个任意字符`...`、再接一个字符`'k'`的字符串模式。这个正则表达式`b...k`会匹配单词`'block'`，但也匹配`'boook'`、`'b erk'`和`'bloek'`。`findall()`的第二个参数是被搜索的文本，这个字符串变量`text`中包含了三个能匹配上的模式，如输出中所见。

星号语法

第二，假设想要匹配出以字符`'y'`开头和结尾、中间含有任意数量的字符的文本，要怎么来实现呢？可以用**星号语法**，即字符*。与点语法不同的是，星号语法不能单独使用；它会修饰另一段正则表达式的含义。来看下面这个例子：

```
print(re.findall('y.*y', text))
# ['yptography']
```

星号会对紧挨在它前面的正则式产生作用。在这个例子中，正则表达式以字符'y'开始，跟随任意数量的字符（即.*的含义），再接一个字符'y'。如你所见，单词'cryptography'中包含了该模式的一个实例'yptography'。

你可能会奇怪，为什么这段代码没有找出在'originally'和'cryptography'之间的那段长文本，它看起来也符合正则模式y.*y。原因很简单，点运算符可以匹配任何字符但不能匹配换行符，而存储于变量中的文本是一个包含三次换行的多行字符串。还可以把星号操作符与其他正则式组合使用，例如用正则式abc*来匹配字符串'ab'、'abc'、'abcc'和'abccdc'。

零或一语法

第三，要知道如何用**零或一语法**（即?字符）来匹配零个或一个字符。和星号操作符一样，问号也修饰另一个正则式，来看看这个例子：

```
print(re.findall('blocks?', text))
# ['block', 'block', 'blocks']
```

零或一语法?会对紧挨在它前面的正则式产生作用。在这个例子中，就是字符s。零或一正则表示它所修饰的正则式在匹配时是可选的。

在Python的re包中，问号还有另外一种用法，但跟零或一语法无关了：问号可以和星号运算符结合使用，即*?，来实现非贪婪模式匹配。比如说，如果使用了正则.*?，Python会匹配数量尽可能少的任意字符；但如果只用星号操作符*而不用问号，它就会贪婪地匹配尽可能多的字符。

来看一个例子。用正则<.*>来搜索HTML字符串'<div>hello world</div>'时，它会匹配出整个字符串'<div>hello world</div>'，而不是前面的'<div>'。如果只想要前面的，就可以使用非贪婪的正则<.*?>：

```
txt = '<div>hello world</div>'

print(re.findall('<.*>', txt))
```

```
# ['<div>hello world</div>']

print(re.findall('<.*?>', txt))
# ['<div>', '</div>']
```

有了这三个正则工具，点语法 . 、星号语法 * 、零或一语法 ? ，就可以理解接下来的一行流解决方案了。

代码

输入一个字符串，目标是用一个非贪婪的方式找出所有这样的模式：以字符 'p' 开头、以字符 'r' 结尾、中间至少出现了一次字符 'e'（可能还有任意数量的其他字符）。

这类文本查找的需求相当常见——尤其是在专注于文本处理、语音识别或机器翻译的公司（例如搜索引擎、社交网络或视频平台）。来看一下清单 5-1。

```
## 依赖
import re

## 数据
text = 'peter piper picked a peck of pickled peppers'

## 一行流
result = re.findall('p.*?e.*?r', text)

## 结果
print(result)
```

清单 5-1：（非贪婪地）搜索特定短语的一行流解决方案

这段代码会打印出文本中所有匹配的短语列表。是哪些短语呢？

它是如何工作的

这个正则式的搜索查询是 p.*?e.*?r。分析一下：要找的是一个以字符 'p' 开头、以字符 'r' 结尾的短语，在这两个字符之间，需要出现一个字符 'e'；在此基础之上，也允许存在任意数量的其他字符（也可以有空白，或者什么都没有）。使用了 .*? 来非贪婪地进行匹配，这意味着 Python 将搜索数量尽可能少的任意字符。结果如下所示：

```
## 结果
print(result)
# ['peter', 'piper', 'picked a peck of pickled pepper']
```

把这个结果和贪婪的正则式 p.*e.*r 的结果进行比较：

```
result = re.findall('p.*e.*r', text)
print(result)
# ['peter piper picked a peck of pickled pepper']
```

第一个贪婪的星号运算符 .* 直接匹配了几乎整个字符串，然后就结束了，没有再匹配上别的部分。

用正则表达式编写你的第一个网络爬虫

在前面，你已经学会了在字符串中找出任意文本模式的最强大的方法：正则表达式。这一节会进一步激发你使用正则表达式的动力，并通过一个实际的例子来学习更多知识。

基础背景

假想你是一名自由的软件开发者。客户是一家金融科技创业公司，他们希望随时了解加密货币的最新发展情况，于是雇用你来编写一个网络爬虫，定期爬取新闻网站的 HTML 源代码，并查找以 'crypto' 开头的单词（比如 'cryptocurrency'、'crypto-bot'、'crypto-crash' 等）。

那么，可以用如下所示的代码来开始你的首次尝试：

```
import urllib.request

search_phrase = 'crypto'
```

```
with urllib.request.urlopen('https://www.wired.com/') as response:
    html = response.read().decode("utf8") # 转换成字符串
    first_pos = html.find(search_phrase)
    print(html[first_pos-10:first_pos+10])
```

urlopen()方法（来自模块 urllib.request）会从指定的 URL 抓取出 HTML 源代码。因为它的结果是一个字节（bytes）数组，所以首先要使用 decode()方法把它转换成一个字符串，然后用字符串方法 find()返回第一个搜索到的匹配字符串的位置，最后通过切片（见第 2 章）挖取出一个子串返回，包含它临近的上下文环境。最后的结果是下面的字符串：

```
# ,r=window.crypto||wi
```

啊，看起来很糟糕。正如结果所示，上面使用的搜索短语是有歧义的，大多数包含 'crypto' 的词在语义上跟加密货币无关。这个网络爬虫产生了假阳性结果（即它找到了原本不想找的字符串结果）。那么，怎么解决这个问题呢？

幸运的是，你刚读到了这本书，答案很明显：用正则表达式！你的思路是通过搜索 'crypto' 后面跟着 30 个任意字符，再跟着 'coin' 这样的模式，来排除假阳性的结果。简单来说就是搜索 crypto + <至多 30 个任意字符> + coin。考虑以下两个例子：

- 'crypto-bot that is trading Bitcoin'——对了
- 'cryptographic encryption methods that can be cracked easily with quantum computers'——不对

那么，怎么解决这个允许两个字符串之间最多存在 30 个任意字符的问题呢？这已经不只是简单的字符串搜索了，你无法穷举每一种字符串模式——实际上存在无限种可能匹配的模式，举例来说，这个搜索模式必须能够匹配出下列这些情况：'cryptoxxxcoin'、'crypto coin'、'crypto bitcoin'、'crypto is a currency. Bitcoin'，以及其他所有可能存在于两个词中间的、不多于 30 个字符的字符组合。尽管字母表只有 26 个字母，但理论上符合要求的字符串数量也超过了 26^30 = 2,813,198,901,284,745,919,258,621,029,615,971,520,741,376。接下来，你将会学习当存在大量可能的字符串模式时，如何用正则定义的模式来搜索文本。

代码

现在,给定一个字符串,要求找出其中出现字符串 'crypto',然后跟着 30 个任意字符,再跟着字符串 'coin' 的情况。先看看清单 5-2,再讨论这段代码是如何解决这个问题的。

```
## 依赖
import re

## 数据
text_1 = "crypto-bot that is trading Bitcoin and other currencies"
text_2 = "cryptographic encryption methods that can be cracked easily with quantum computers"

## 一行流
pattern = re.compile("crypto(.{1,30})coin")

## Result
print(pattern.match(text_1))
print(pattern.match(text_2))
```

清单 5-2:找出文本中符合 crypto(一些文本)coin 形式的一行流解决方案

这段代码搜索了两个字符串变量 text_1 和 text_2。指定的搜索条件(模式)能跟它们匹配吗?

它是如何工作的

首先,需要引入 Python 中的标准模块 re,以使用正则表达式。最重要的事情发生在一行流中,编译(compile)了查询条件 crypto(.1,30)coin,用它来搜索各种各样的字符串。其中用到了下面这些特殊的正则字符,从头到尾读完每一行之后,你就能明白清单 5-2 中正则模式的含义了:

- ( ) 会匹配括号内的正则表达式。
- . 匹配任意一个字符。
- {1,30} 表示对其前面的正则式进行 1 到 30 次匹配。
- (.{1,30}) 表示匹配 1 到 30 个任意的字符。

- crypto(.{1,30})coin 匹配由三部分组成的正则式：单词 'crypto'，一个包含 1 到 30 个字符的任意的字符串，最后是单词 'coin'。

刚才提到对模式进行编译，是因为 Python 会创建一个模式的对象，它可以在不同的地方重复利用——很像一个编译过的程序可以被多次执行。现在，可以调用这个已编译模式的方法 match() 对文本进行搜索。执行后得到如下所示的结果：

```
## 结果
print(pattern.match(text_1))
# <re.Match object; span=(0, 34), match='crypto-bot that is trading Bitcoin'>

print(pattern.match(text_2))
# None
```

第一个字符串变量 text_1 和模式是匹配的（如结果中的匹配对象所示），但第二个 text_2 不匹配（结果为 None）。虽然第一个匹配对象的文本看起来并不美观，但它还是给出了一个明确的信息，即，给定字符串 'rypto-bot that is trading Bitcoin' 和正则表达式是匹配的。

分析 HTML 文档中的超链接

这一节会深入一步，介绍更多正则表达式。

基础背景

多了解一些正则表达式可以帮助你更快、更简洁地解决一些真实世界的问题。那么，最重要的正则表达式有哪些呢？下面这个列表中所提到的都会在这一章中用到，请认真学习它们，遇到那些已经看到过的，可以作为小小的复习。

- 点正则.匹配任意一个字符。
- 星号正则<pattern>*匹配任意次数的<pattern>所表示的正则模式。注意，也包括 0 次。
- 加号正则<pattern>+匹配一次及以上任意次数<pattern>所表示的正则模式。

- 零或一正则 <pattern>?匹配零次或一次 <pattern>所表示的正则模式。
- 非贪婪的星号正则*?，在整个正则匹配中，这段会匹配数量尽可能少的任意字符。
- 正则<pattern>{m}匹配恰好 m 次 <pattern>所表示的正则模式。
- 正则<pattern>{m,n}匹配 m 到 n 次 <pattern>所表示的正则模式。
- 正则<pattern_1>|<pattern_2>表示要么匹配<pattern_1>所表示的正则模式、要么就匹配<pattern_2>所表示的正则模式。
- 正则<pattern_1><pattern_2>会先匹配<pattern_1>所表示的正则模式，紧接着再匹配<pattern_2>所表示的正则模式。
- 正则 (<pattern>)匹配<pattern>所表示的正则模式，括号的作用是对正则表达式分组，以便控制它们被执行的顺序（例如，(<pattern_1><pattern_2>)|<pattern_3> 跟 <pattern_1>(<pattern_2>|<pattern_3>) 是不同的）。其中的括号同时也创建了匹配组，在后面的章节里会看到。

来看一个简短的例子。比如写了一个正则 b?(.a)*，那什么模式会被这个正则匹配呢？答案是，它会匹配所有这样的模式：以 0 个或 1 个 b 开头，后面是任意多个以字符 a 结尾的长度为 2 的字符序列。因此，字符串 'bcacaca'、'cadaea'、''（空字符串）和 'aaaaaa'，都会和这个正则匹配。

在进入下一个一行流之前，先快速介绍几个正则函数及其使用的场景。最重要的三个正则函数分别是 re.match()、re.search() 和 re.findall()。已经看到过其中两个了，现在要在下面这个例子里更深入地学习它们：

```
import re

text = '''
"One can never have enough socks", said Dumbledore.
"Another Christmas has come and gone and I didn't
get a single pair. People will insist on giving me books."
Christmas Quote
'''

regex = 'Christ.*'
```

```
print(re.match(regex, text))
# None

print(re.search(regex, text))
# <re.Match object; span=(62, 102), match="Christmas has come and gone and I didn't">

print(re.findall(regex, text))
# ["Christmas has come and gone and I didn't", 'Christmas Quote']
```

三个函数都以正则表达式和将被搜索的字符串作为输入。函数 match() 和 search() 会返回一个匹配对象（如果正则没有匹配到任何内容，就返回 None）。匹配对象存储着匹配的位置和更详细的元信息。函数 match() 没有在字符串中找到正则匹配（返回了 None），为什么？因为这个函数只会从字符串的起始位置开始寻找这个模式。函数 search() 则会在整个字符串中找到该模式第一次出现的地方。因此，它找到了匹配结果 "Christmas has come and gone and I didn't"。

函数 findall() 的输出是最直观的，但在进一步的处理时却是最没用的。其输出是一个序列的字符串，而不是一个匹配对象——所以，它无法给我们提供匹配所在的精确位置信息。尽管如此，findall() 也有它的用处：与 match() 和 search() 方法相比，函数 findall() 可以找出全部的匹配结果，当你想量化统计某个词在文本中出现的频率（例如，字符串 "Juliet" 在文本 "Romeo and Juliet "中出现的次数，或字符串 "crypto" 在一篇关于加密货币的文章中出现的次数）时就很有用了。

代码

假设公司要求你构建一个小型网络机器人，爬取网页并检查它们是否包含指向域名 finxter.com 的链接。公司还要求你确保这个超链接的描述包含字符串 'test' 或 'puzzle'。在 HTML 中，超链接是被包裹在<a></a>标签中的。超链接本身被定义为属性 href 的值。所以，更准确地说，你的目标其实是要解决一个如清单 5-3 所列的问题：给定一个字符串，找到所有指向域名 finxter.com 且文本中包含字符串 'test' 或 'puzzle' 的超链接。

```
## 依赖
import re

## 数据
page = '''
<!DOCTYPE html>
<html>
<body>

<h1>My Programming Links</h1>
<a href="https://app.finxter.com/">test your Python skills</a>
<a href="https://blog.finxter.com/recursion/">Learn recursion</a>
<a href="https://nostarch.com/">Great books from NoStarchPress</a>
<a href="http://finxter.com/">Solve more Python puzzles</a>
</body>
</html>
'''

## 一行流
practice_tests = re.findall("(<a.*?finxter.*?(test|puzzle).*?>)", page)

## 结果
print(practice_tests)
```

清单 5-3：分析网页链接的一行流解决方案

这段代码会找到两处正则匹配，哪两处呢？

它是如何工作的

数据由一个简单的 HTML 网页组成（以多行字符串的格式存储），其中包含一个超链接列表（标签`<a href="">`链接文本`</a>`）。我们的一行流方案使用函数 `re.findall()` 来搜索正则表达式`(<a.*?finxter.*?(test|puzzle).*?>)`。这样，正则表达式就会根据接下来介绍的限制条件，在所有的标签`<a...>`里找到满足条件的结果并返回。

在链接起始标签之后，正则会先匹配任意数量的字符（非贪婪地，以防止正则式一次"吞噬"掉多个 HTML 标签），然后是字符串 `'finxter'`，接下来匹配任意数量的字符（非贪婪地），接着是匹配仅出现一次的字符串 'test' 或 'puzzle'；然后再一次匹配任意数量的字符（非贪婪地）；最后是链接的结束标签。这样，就可以找到所有包含相应字符串的超链接标签语句了。注意，这个正则也会找出那些链接本身包含 'test' 或 'puzzle' 字符串的标签。还要注意，只有使用非贪婪的星号操作符'.*?'才能确保它搜索的是最小的匹配，而不会匹配到不想要的东西——例如，一个包裹在多重嵌套标签中的很长的字符串。

这行代码的结果如下所示：

```
## 结果
print(practice_tests)
# [('<a href="https://app.finxter.com/">test your Python skills</a>', 'test'),
#  ('<a href="http://finxter.com/">Solve more Python puzzles</a>', 'puzzle')]
```

一行流的结果是一个拥有两个元素的列表，也就是说有两个超链接匹配上了上述正则表达式。不过，每个元素都是一个字符串元组，而不是简单的字符串。这和之前的代码中讨论过的 `findall()` 的结果是不同的。那么，这样输出的意义是什么呢？返回值的类型是一个元组列表，元组中的每个值都是一个匹配组，也就是在正则式中用()括起来的部分。例如，正则(test|puzzle)用括号来创建了一个匹配组。如果我们在正则中使用了匹配组，那函数 `re.findall()` 就会在元组中为每个匹配组增加一个对应值。这个元组值是与这个特定的组相匹配的子字符串。例如在本例中，子串'puzzle'是匹配(test|puzzle)这个组的。接下来，更深入地探讨匹配组这一话题，来明确这个概念。

从字符串中提取美元金额

这个一行流会展示正则表达式的另一种实际应用。这次，想象你是一位金融分析师。公司正在考虑收购另一家公司，而你被指派去阅读对方公司的报告。你恰好对所有美元数字很感兴趣。现在，你可以人工把整个文档遍历一遍，但这很烦琐，不想把一天中最好的时间浪费在这里，所以决定写一个小小的 Python 脚本来帮自己干活。不过，应该怎么写最好呢？

基础背景

幸运的是，你已经读过这篇正则教程了，所以，与其浪费大量时间在 Python 中编写冗长的、容易出错的解析器，不如选择正则表达式这一简洁的解决方案——这是明智的选择。但是在深入研究这个问题之前，先讨论另外三个正则概念。

第一，迟早有一天你会想要匹配在正则表达式语言中已经有特定含义的字符。在这种情况下，需要使用前缀来取消这个字符的特定含义。例如，当要匹配表示正则组的括号字符 '(' 时，需要写成 \(来转义，这样，这个正则字符 '(' 就失去了它的特殊含义。

第二，一对方括号 [] 允许你定义一个要匹配的特定字符范围。例如，正则 [0-9] 会匹配下列字符之一：'0', '1', '2', …, '9'。再如，正则 [a-e] 会匹配下列字符之一：'a', 'b', 'c', 'd', 'e'。

第三，正如前面讨论过的，括号中的正则 (<pattern>) 表示一个组。每个正则表达式都可以有一个或多个组。当在包含组的正则表达式上使用函数 re.findall() 时，只有匹配的组会以字符串的方式放在元组中返回，每个字符串对应一个组，元组中不会有整个匹配的字符串。例如，在字符串 'helloworld' 上查找正则 hello(world)，会匹配整个字符串，但只会返回匹配的组 world。另一方面，如果正则使用两个嵌套的组 (hello(world))，那么函数 re.findall() 的结果会是所有被匹配的组构成的元组，即 ('helloworld', 'world')。学习下面的代码，就能完全理解嵌套组了：

```
string = 'helloworld'

regex_1 = 'hello(world)'
regex_2 = '(hello(world))'

res_1 = re.findall(regex_1, string)
res_2 = re.findall(regex_2, string)

print(res_1)
# ['world']
print(res_2)
# [('helloworld', 'world')]
```

现在，已经学到了理解下面的代码片段所需要的一切。

代码

回顾一下，你想要调查给定的公司报告中所有的货币数字。具体来说，目标是解决这样一个问题：给一个字符串，需要找到一个列表，包含字符串中出现的所有美元金额（带不带小数均可）。下面这些例子都是有效的匹配：`$10`、`$10.`或`$10.00021`。该如何用一行代码高效地达成目标呢？看一下清单5-4。

```
## 依赖
import re

## 数据
report = '''
If you invested $1 in the year 1801, you would have $18087791.41 today.
This is a 7.967% return on investment.
But if you invested only $0.25 in 1801, you would end up with $4521947.8525.
'''

## 一行流
dollars = [x[0] for x in re.findall('(\$[0-9]+(\.[0-9]*)?)', report)]

## 结果
print(dollars)
```

清单5-4：在一个文本中找出所有美元金额的一行流解决方案

猜测一下：这段代码的输出结果是什么？

它是如何工作的

这个报告包含了4个不同格式的美元数值，你的目标是编写一个正则把它们都匹配到。你设计的正则 (\$[0-9]+ (.[0-9]*)?) 会依次匹配以下模式：首先，它匹配美元符号 $（需要先转义，因为它是正则的特殊字符）；其次，它匹配0到9之间的任意一个数字（但至少一个数字）；接着，它在（转义后的）小数点'.'后匹配任意数量的数字（零或一语法?指明最后这段匹配是可选的）。

在此基础上，使用列表解析提取 3 个匹配结果中每个元组的第一个值。再强调一次，函数 re.findall() 的默认结果是一个元组的列表，每次成功的匹配对应一个元组，而元组中的每个值对应一个匹配的组：

[('$1', ''), ('$18087791.41', '.41'), ('$0.25', '.25'), ('$4521947.8525', '.8525')]

你只对全局组感兴趣，也就是元组中的第一个值，所以可以用列表解析把其他值过滤掉。结果如下所示：

```
## 结果
print(dollars)
# ['$1 ', '$18087791.41', '$0.25', '$4521947.8525']
```

值得再次指出的是：如果没有正则表达式的强大能力，即使是一个简单的解析器，实现起来也是困难重重且容易出错的。

找出不安全的 HTTP URL

这个一行流将展示如何解决一个网络开发者常遇到的虽小但费时的问题。假设你拥有一个编程博客，并且刚刚把你的网站从不安全的 HTTP 协议转移到更加安全的 HTTPS 协议。然而，旧文章里仍然有些链接指向那些老 URL。怎样找出所有老 URL 呢？

基础背景

在上一节中，已经学到了如何使用方括号来指定任意范围的字符，例如，正则式[0-9]可以匹配 0 到 9 之间的单个数字。其实，方括号还要强大得多，可以在方括号里使用任意的字符组合，来指定特定的想匹配或不想匹配的字符。例如，正则表达式[0-3a-c]+会匹配字符串 '01110' 和 '01c22a'，但不会匹配 '443' 或 '00cd'。可以用符号 ^ 来指定一组固定的不想匹配的字符。例如，正则表达式[^0-3a-c]+会匹配字符串 '4444d' 和 'Python'，但不会匹配 '001' 和 '01c22a'。

代码

这里，输入一个多行字符串，目标是找出所有合法的、以前缀 `http://` 开始的 URL，但不考虑没有顶级域名的无效 URL（即找到的 URL 中必须至少包含一个 `.`）。请看清单 5-5。

```
## 依赖
import re

## 数据
article = '''
The algorithm has important practical applications
http://blog.finxter.com/applications/
in many basic 数据 structures such as sets, trees,
dictionaries, bags, bag trees, bag dictionaries,
hash sets, https://blog.finxter.com/sets-in-python/
hash tables, maps, and arrays. http://blog.finxter.com/
http://not-a-valid-url
http:/bla.ba.com
http://bo.bo.bo.bo.bo.bo/
http://bo.bo.bo.bo.bo.bo/333483--33343-/
'''

## 一行流
stale_links = re.findall('http://[a-z0-9_\-.]+\.[a-z0-9_\-/]+', article)

## 结果
print(stale_links)
```

清单 5-5：找出合法的 http:// URL 的一行流方案

同样，在看后面的正确结果之前，先试着想想代码会产生什么样的输出。

它是如何工作的

在正则表达式中，你分析了一个给定的多行字符串（很可能是一篇老博客文章），找出所有的以前缀 `http://` 开始的 URL。正则表达式 `[a-z0-9_\-\.]+` 会期待出现数量非零的（小写）字符、数字、下画线、连字符或点。注意，连字符需要被转义

(\-)，因为它在正则的方括号内表示字符范围。同样，点也需要被转义（\.），因为希望匹配一个点而不是一个任意的字符。得到以下输出结果：

```
## Results
print(stale_links)
# ['http://blog.finxter.com/applications/',
#  'http://blog.finxter.com/',
#  'http://bo.bo.bo.bo.bo.bo/',
#  'http://bo.bo.bo.bo.bo.bo/333483--33343-/']
```

4 个合法 URL 需要被改为更安全的 HTTPS 协议。

到这里，你已经掌握了正则表达式最重要的特性。但是，任何领域要达到深刻理解的程度，仍然需要练习、需要研究大量的例子——正则表达式当然也不例外。下面再来研究几个实践中的例子吧，看看正则表达式是怎样让生活更轻松的。

验证用户输入的时间格式（第一部分）

下面学习如何检查用户的输入格式是否正确。假设写一个基于用户睡眠时间来计算健康统计数据的网络应用，需要用户输入他们入睡的时间和起床的时间。一个格式正确的例子是 12:45，但因为一些网络机器人会自动往所有的输入框里塞垃圾广告，大量的脏数据会导致服务器毫无必要地浪费计算成本。为了解决这个问题，需要编写一个时间格式检查器，以确保输入的数据值得后端应用程序进行进一步的处理。有了正则表达式，编写这样的代码只需要几分钟。

基础背景

在前面的几节中，已经学习了 re.search()、re.match() 和 re.findall() 函数，但正则函数还不止这些。这一节里，你要学习使用 re.fullmatch(regex, string)，顾名思义，它可以用来检查正则是否和整个字符串相匹配。

此外，还将使用正则语法 pattern{m,n} 来匹配正好出现 m 次到 n 次的正则模式，不会多或少于这个范围。注意，它会试图最大化匹配该模式的出现次数。下面是一个例子：

```
import re

print(re.findall('x{3,5}y', 'xy'))
# []
print(re.findall('x{3,5}y', 'xxxy'))
# ['xxxy']
print(re.findall('x{3,5}y', 'xxxxxy'))
# ['xxxxxy']
print(re.findall('x{3,5}y', 'xxxxxxy'))
# ['xxxxxy']
```

这段代码通过花括号指定了匹配次数，因此不会去匹配包含少于 3 个或多于 5 个 'x' 字符的子串。

代码

我们的目标是写一个函数 **input_ok**，以一个字符串作为参数，并检查它是否满足（时间）格式 XX:XX，其中 X 是 0 到 9 之间的一个数字，请看清单 5-6。注意，在这里暂且接受有语义错误的时间格式，例如 **12:86**；下一节的一行流会搞定这个更高级的问题。

```
## 依赖
import re

## 数据
inputs = ['18:29', '23:55', '123', 'ab:de', '18:299', '99:99']

## 一行流
input_ok = lambda x: re.fullmatch('[0-9]{2}:[0-9]{2}', x) != None

## 结果
for x in inputs:
    print(input_ok(x))
```

清单 5-6：检查给定的用户输入是否匹配一般的时间格式 XX:XX 的一行流解决方案

继续之前，先试着推断代码中的 6 次函数调用分别是什么结果。

它是如何工作的

数据由通过你的网络应用的前端输入的 6 个字符串组成，它们的格式正确吗？为了检查这一点，用带有一个输入参数 x 和一个布尔值输出的 lambda 表达式创建了函数 input_ok，其中的函数 fullmatch(regex, x)会用时间格式的正则表达式去匹配输入参数 x。如果无法匹配，结果取值为 None，输出的对应布尔值即为 False；否则，输出的布尔值为 True。

这个正则表达式很简单：[0-9]{2}:[0-9]{2}。这个模式会先匹配两个 0 到 9 的前导数字，然后是冒号 :，接着是两个 0 到 9 的尾部数字。于是，清单 5-6 的运行结果如下所示：

```
## Result
for x in inputs:
print(input_ok(x))

'''
True
True
False
False
False
True
'''
```

函数 input_ok 准确识别出了格式正确的时间输入。在这个一行流中，你学到了如果选择正确的工具集，只需分分钟就能完成一个非常实际的任务——否则将会花费很多行代码，以及更多的精力。

验证用户输入的时间格式（第二部分）

在这一节中，你将更深入地研究如何验证用户输入的时间格式，以解决上一节遗留的问题：类似 99:99 这样无效的时间输入，不应该作为合法的匹配结果。

基础背景

面对问题时，一个好用的策略是将其分层解决。首先，将问题的核心剥离出来，先解决这个相对容易的变体。然后完善这个解决方案来适应具体的（也更复杂的）问题。本节会从一个重要的方面改进之前的解决方案，使它不再允许类似 99:99 或 28:66 这样无效的时间输入。因此，这个问题是更实际的（也更复杂的），但仍可使用老方案中的一部分。

代码

目标是写一个函数 input_ok，以一个字符串作为参数，检查该字符串是否符合（时间）格式 XX:XX，其中 X 是 0 到 9 之间的一个数字，请看清单 5-7。此外，给定的时间必须是有效的 24 小时制的时间格式，即在 00:00 到 23:59 范围之内。

```
## 依赖
import re

## 数据
inputs = ['18:29', '23:55', '123', 'ab:de', '18:299', '99:99']

## 一行流
input_ok = lambda x: re.fullmatch('([01][0-9]|2[0-3]):[0-5][0-9]', x) != None

## 结果
for x in inputs:
    print(input_ok(x))
```

清单 5-7：一行流方案，检查用户的输入是否能匹配时间格式 XX:XX，且是有效的 24 小时制的时间

这段代码会打印出 6 行结果，分别是什么呢？

它是如何工作的

正如本节的介绍中提到的,可以重用上一节的一行流解决方案来轻松解决这个问题:代码保持不变,只需修改正则表达式为([01][0-9]|2[0-3]):[0-5][0-9]。它的第一部分([01][0-9]|2[0-3])是一个组,会匹配一天中所有可能的小时。使用或运算符|,一方面允许出现 00 到 19 这样的小时格式,另一方面也允许出现 20 到 23 这样的。第二部分[0-5][0-9]可以匹配 00 到 59 之间所有可能的分钟数。结果如下所示:

```
## 结果
for x in inputs:
    print(input_ok(x))

'''
True
True
False
False
False
False
'''
```

注意,输出的第六行表示时间 99:99 不再被认为是有效的输入了。这个一行流展示了如何用正则表达式来检查用户输入是否符合应用的语义要求。

字符串中的重复检测

这一节要介绍正则表达式的一种令人兴奋的能力:在同一个正则式中重新引用之前匹配上的部分。这个强大的扩展能力能够解决一些新的问题类型,例如检查字符串中是否含有重复的字符。

基础背景

这次,想象你自己成了一个语言学研究人员,要分析某些词的用法是如何随着时间发生改变的。你会用一些出版图书来分类和追踪一些词的用法。教授要求你分析单词中重复字符的使用是否越来越趋于频繁。例如，单词 'hello' 包含了两个 'l'，'spoon' 包含了两个 'o'；但是单词 'mama' 不会被算作含有重复字符 'a' 的词。

比较粗糙的解决方案是穷举所有可能的重复字符的组合：'aa'、'bb'、'cc'、'dd'、…、'zz'，并把它们用或逻辑组合在正则中。但这种方案比较烦琐，也很难一般化，万一教授改变了主意要你同时也检查中间夹了一个字符的重复字符（例如字符串 'mama' 应该被匹配出来）呢？

没问题，确实存在一种简单、干净又高效的办法，前提是你知道正则的命名组这一特性。已经学过了用括号括起来的组(...)。而一个命名组，顾名思义，就是一个有名字的组。具体来说，可以用语法(?P<name>...)把模式... 包起来，定义一个名为 name 的命名组。定义好命名组后，就可以用语法 (?P=name)在正则中的任何地方使用它了。思考下面的例子：

```
import re

pattern = '(?P<quote>[\'"]).*(?P=quote)'
text = 'She said "hi"'
print(re.search(pattern, text))
# <re.Match object; span=(9, 13), match='"hi"'>
```

这段代码搜索用单引号或双引号括起来的子字符串。为了达到这个目的，必须先用正则['"]找出前引号（记得对单引号进行转义，以免 Python 误解这个单引号表示字符串的结束）。然后引用同样的组来匹配相同字符的后引号（单引号或双引号）。

在深入了解代码之前，请注意，可以用正则\s 匹配任意的空白字符；也可以用语法[^Y]来匹配不在集合 Y 中的字符。知道了这些，就可以来解决这个问题了。

代码

考虑清单 5-8 中所示的问题：给定一个文本，找出所有包含重复字符的单词。在这里，单词被定义为由任意数量的空白字符分隔开的一系列非空白字符。

```
## 依赖
import re

## 数据
text = '''
It was a bright cold day in April, and the clocks were
striking thirteen. Winston Smith, his chin nuzzled into
his breast in an effort to escape the vile wind, slipped
quickly through the glass doors of Victory Mansions,
though not quickly enough to prevent a swirl of gritty
dust from entering along with him.
-- George Orwell, 1984
'''

## 一行流
duplicates = re.findall('([^\s]*(?P<x>[^\s])(?P=x)[^\s]*)', text)

## 结果
print(duplicates)
```

清单 5-8：找出所有重复字符的一行流解决方案

这段代码会找出哪些含有重复字符的单词来？

它是如何工作的

正则(?P<x>[^\s])定义了一个新的命名组，叫 x。这个组仅由一个任意非空白字符组成。正则(?P=x)紧接在命名组 x 之后，它会去匹配被 x 匹配到的同一个字符。于是，你已经找到了重复的字符！不过，目标不是去找到重复的字符，而是找到含有重复字符的单词。所以，需要用[^\s]*在重复字符的前后去匹配任意数量的非空白字符。

清单 5-8 的输出结果如下所示：

```
## 结果
print(duplicates)
'''
```

```
[('thirteen.', 'e'), ('nuzzled', 'z'), ('effort', 'f'),
('slipped', 'p'), ('glass', 's'), ('doors', 'o'),
('gritty', 't'), ('--', '-'), ('Orwell,', 'l')]
'''
```

这个正则表达式找出了文本中所有含有重复字符的单词。注意，在清单 5-8 的正则中有两个组，所以函数 `re.findall()` 返回的每个元素都是由两个匹配组构成的元组，在前面的章节中见过这样的返回。

在这一节中，正则工具箱被大大增强，因为加入了一项强大的工具：命名组。同时也了解了两个正则小特性：用\s 来匹配任意空白字符，用[^...]定义不希望匹配的字符的集合。学会结合使用这些特性，你的 Python 正则技能将会日臻熟练。

检测重复单词

在前一节中，学习了关于命名组的知识。这一节的目标是展示这一强大特性的更多进阶用法。

基础背景

在过去几年的研究工作中，我把大量的时间都花在了撰写、阅读和编辑研究论文上。在编辑我的研究论文时，一位同事经常抱怨我重复使用相同的单词（而且在文本中距离太接近）。如果有一个工具可以对我的写作进行程序化的检查，会不会很有用呢？

代码

给定一个由空白隔开、不含有特殊字符的小写单词组成的字符串，要找到这样一个子字符串：其中的第一个单词和最后一个单词是相同的（也就出现了重复），并且中间最多相隔 10 个单词。看一下清单 5-9。

```
## 依赖
import re
```

```
## 数据
text = 'if you use words too often words become used'

## 一行流
style_problems = re.search('\s(?P<x>[a-z]+)\s+([a-z]+\s+){0,10}(?P=x)\s', ' ' + text + ' ')

## 结果
print(style_problems)
```

清单 5-9：找到重复单词的一行流解决方案

这段代码能找到重复单词吗？

它是如何工作的

同样，假定这个字符串是由空白隔开的小写单词组成的。现在，要用正则表达式来查找这个文本。这个正则式乍看很复杂，但可以分解成小片段来逐一分析：

```
'❶\s(?P<x>[a-z]+)\s+❷([a-z]+\s+){0,10}❸(?P=x)\s'
```

正则以一个空白字符开始。这一点很重要，因为它能确保你是从一个完整的单词开始的（而不是一个单词的某个后缀）。然后，它会匹配一个命名组 x，这个命名组由一个或多个 'a' 到 'z' 小写字符组成。接着匹配一个或多个空白字符。❶

接着，要识别 0 到 10 个单词，每个单词都由一个或多个 'a' 到 'z' 小写字母组成，并跟随一个或多个空白字符。❷

最后，正则以命名组 x 结束，跟随一个空白字符来确保最后这个单词是完整的（而不是一个单词的前缀）。❸

这段代码的输出结果如下所示：

```
## 结果
print(style_problems)
# <re.Match object; span=(12, 35), match=' words too often words '>
```

你找到了一个匹配的子字符串，它可能（也可能不）就是一个不良写作习惯的例子。

在这个一行流中，首先把找出重复单词这一问题的核心剥离出来，先解决这个相对容易的变体。注意，在实践中，不得不考虑更多复杂的情况，比如特殊字符、大小写混合、数字等。或者，也可以选择先做一些预处理，把文本变成更想要的形式：没有特殊字符、都是小写的、单词由空白隔开。

> **练习 5-1**
> 写一个 Python 脚本，允许更多的特殊字符存在，比如那些使语句更加结构化的字符（句号、冒号、逗号）。

用正则模式在多行字符串中进行修改

最后一个正则一行流，教你学习如何修改一个文本，而不仅仅是匹配其中一部分。

基础背景

用正则函数 `re.sub(regex, replacement, text)` 可以实现在一个文本中，用一个新的字符串替换掉某个正则模式的所有匹配文本。这样，就可以快速编辑大量文本而不必付出辛苦的体力劳动。

在前面，已经学习了如何匹配文本中出现的模式。但是，如果当另一个模式匹配时就不想匹配这个特定的模式了，怎么办？使用前向否定界定符 A(?!X)，只当后面不是模式 X 的时候才匹配模式 A。例如，正则 not (?!good) 会匹配字符串 'this is not great' 而不会匹配 'this is not good'。

代码

接下来要处理的数据是一个字符串，任务是把所有出现 Alice Wonderland 的地方替换为 'Alice Doe'，但不替换 'Alice Wonderland'（在单引号中）的情况。

5 正则表达式 **181**

请看清单 5-10。

```
## 依赖
import re

## 数据
text = '''
Alice Wonderland married John Doe.
The new name of former 'Alice Wonderland' is Alice Doe.
Alice Wonderland replaces her old name 'Wonderland' with her new name 'Doe'.
Alice's sister Jane Wonderland still keeps her old name.
'''

## 一行流
updated_text = re.sub("Alice Wonderland(?!')", 'Alice Doe', text)

## 结果
print(updated_text)
```

清单 5-10：替换文本中的模式的一行流解决方案

这段代码会打印出更新后的文本，它会是什么样的？

它是如何工作的

需要把所有的 Alice Wonderland 替换为 Alice Doe，但以单引号结束的除外。可以用前视否定来做到。注意，只检查是否存在后引号即可。例如，一个有前引号但没有后引号的字符串是可以匹配的，只需要直接替换它——这可能不是所有情况下都可行，但在当前的例子里这么做，确实就是我们想要的行为：

```
## 结果
print(updated_text)
'''
Alice Doe married John Doe.
The new name of former 'Alice Wonderland' is Alice Doe.
Alice Doe replaces her old name 'Wonderland' with her new name 'Doe'.
Alice's sister Jane Wonderland still keeps her old name.
'''
```

可以看到，原本的名字 'Alice Wonderland' 在单引号括起来的时候没有被更改——正是这段代码想要实现的。

总结

这一章涵盖了很多内容。学习了正则表达式，可以用它来匹配给定字符串中的特定模式。特别是，已经学习了函数 `re.compile()`、`re.match()`、`re.search()`、`re.findall()` 和 `re.sub()` 等，它们覆盖了极大比例的正则使用场景。还可以在实践中应用正则表达式时学习其他函数。

也学习了怎样把各种基本的正则表达式重新组合，写出更高级的正则表达式。还学习了空白字符、转义字符、贪婪/非贪婪的操作符、字符集（和否定字符集）、组和命名组、前视否定界定符等。最后，也体会到，先解决原始问题的简化变体往往比过早地尝试整体性解决更好。

唯一剩下的就是在实践中应用新学的正则表达式技能了。上手正则表达式的一个好办法是在你最喜欢的文本编辑器中使用它们。大多数高级的文本和代码编辑器（包括 Notepad++）都带有强大的正则表达式功能。在处理文本数据时（例如写作电子邮件、博客文章、书和代码时）可以多考虑使用正则表达式。它们可以帮你从烦琐的工作中节约大量的时间，使生活更轻松。

下一章将深入到编码的最高殿堂：算法。

6
算法

算法是十分古老的概念了。一个算法不外乎是一系列的指令,很像烹饪食谱。不过,算法在社会中扮演的角色越发重要:随着计算机深入我们生活的方方面面,算法和算法决策已经无处不在了。

一项 2018 年的研究强调:"数据,以一种我们观察世界的形式渗透到现代社会中……这些信息反过来也可以用于做出明智的、在某些情况下甚至完全自动化的决策……看来,这类算法会和人类决策息息相关,而使之能够获得社会的认可、得到广泛应用,变得越来越有必要。"

注意
更多关于此方面研究的信息,请查阅 S. C. Olhede and P. J. Wolfe 的 *The Growing Ubiquity of Algorithms in Society: Implications, Impacts, and Innovations*,网址见链接列表 6.1 条目。

随着社会在自动化、人工智能和无处不在的计算方面的重大发展趋势,理解算法的和不理解算法的人之间的社会差距在迅速扩大。例如，物流行业经历了自动化的变革——自动驾驶汽车和卡车兴起——职业司机面临着他们工作被算法接管的事实。

21 世纪，抢手的技能和工作不断变化，使得年轻人了解、掌握和操纵基本算法变得至关重要。虽然唯一不变的就是变化，但算法和算法理论的概念及基础知识构成了未来诸多变化的基础。可以粗略地说：只有理解算法，你才能在未来几十年中获得不错的发展。

本章旨在提升大家对算法的理解，相比于理论，会更聚焦在对概念和实际实现的直观感受和全面理解上。当然，算法理论与实际实现、概念理解同等重要，很多好书会更聚焦在理论部分。在阅读本章之后，你会对计算机科学中最流行的一些算法有更直观的理解，并提升 Phyton 的实战技巧，为你将来的技术突破打下坚实的基础。

注意

Introduction to Algorithms（Thomas Cormen 等著，麻省理工学院出版社，2009 年）是一本在算法理论方面非常优秀的延伸读物。

下面从一个解决简单问题的小算法开始吧，这个问题与想找到好工作的程序员有关。

用 lambda 函数及排序找出异形词

异形词，常被用在编程面试中，测试你计算机科学的词汇量和进行简单算法编程的能力。在这一节中，将会学到如何用 Python 实现一个简单算法来找出异形词。

基础背景

当两个单词由相同的字母组成、且第一个单词中的每个字母在第二个单词中都只出现一次时，这两个单词互为"异形词"。可参考图 6-1 的示意和下面的例子：

- "listen" → "silent"
- "funeral" → "real fun"
- "elvis" → "lives"

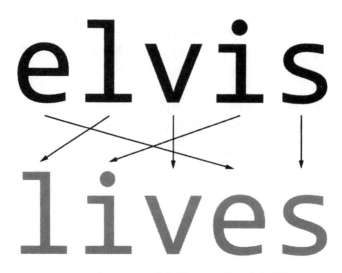

图 6-1：单词 elvis 是单词 lives 的一个异形词

现在就来研究这个问题，实现一个简单的 Python 解决方案，找出异形词来。开始写代码吧。

代码

目标是写一个函数 is_anagram()，当两个字符串 x1 和 x2 互为异形词时返回 True。在继续往下读之前，请停下来思考一下这个问题，怎么用 Python 来实现？清单 6-1 展示了一种解决方案。

```
## One-Liner
❶ is_anagram = lambda x1, x2: sorted(x1) == sorted(x2)


## Results
print(is_anagram("elvis", "lives"))
print(is_anagram("elvise", "livees"))
```

```
print(is_anagram("elvis", "dead"))
```

清单 6-1：判断两个字符串是否互为异形词的一行流解决方案

这段代码会打出三行结果。它们是什么？

它是如何工作的

当两个字符串在进行字母排序后有相同的序列时，它们就互为异形词，所以我们的办法就是将两个字符串分别进行排序，然后在元素层面进行比对，就这么简单。不需要外部依赖，只需使用 lambda 函数定义（参见第 1 章）创建一个函数 is_anagram()❶，它有两个参数：x1 和 x2。这个函数返回表达式 sorted(x1) == sorted(x2) 的结果，如果排序后的两个字符序列由相同的字符组成，则结果为 True。下面的输出结果是两个排序后的字符序列：

```
print(sorted("elvis"))
# ['e', 'i', 'l', 's', 'v']

print(sorted("lives"))
# ['e', 'i', 'l', 's', 'v']
```

'elvis' 和 'lives' 这两个字符串都由相同的字符组成，所以排序后呈现的是一样的。三条 print 语句的结果如下所示：

```
## 结果
print(is_anagram("elvis", "lives")) # True
print(is_anagram("elvise", "livees")) # True
print(is_anagram("elvis", "dead")) # False
```

这里有一个提供给进阶程序员的附带说明：在 Python 中，对 n 个元素的序列进行排序的计算复杂度会像函数 $nlog(n)$ 一样增长。这意味着，比起逐个检查字符是否存在于两个字符串中，如果存在就移除它的这样一种幼稚的方式，我们的一行流算法是更高效的。幼稚的算法的复杂度是像二次函数 $n**2$ 一样增长的。

不过，其实存在另一种高效的方式，叫作直方图，即为两个字符串分别创建一个直方图来统计其中各个字符出现的次数，然后比较这两个直方图。假设字母表大小不变，直方图的计算复杂度是线性的；它像函数 n 一样增长。不妨把实现这个算法作为小练习吧！

用 lambda 函数和负索引切片找出回文

这一节介绍另一个在面试问题中常见的计算机术语：回文。将用一行代码来检查两个单词是否互为回文。

基础背景

首先，什么是回文？回文可以被定义为正序读或倒序读完全相同的一个元素序列（例如一个字符串或一个列表）。下面是一些有趣的例子，去掉空格后，它们就是回文：

- "Mr Owl ate my metal worm"
- "Was it a car or a cat I saw?"
- "Go hang a salami, I'm a lasagna hog"
- "Rats live on no evil star"
- "Hannah"
- "Anna"
- "Bob"

这里的一行流解决方案需要你对切片有基本的理解。正如在第 2 章中所了解到的，切片是 Python 特有的概念，用于从列表或字符串这样的序列类型中切割出一个范围的值来。切片使用简明的记号`[start:stop:step]`，它会切出一个从 start 索引（含）到 stop 索引（不含）的序列。第三个参数 step 允许你定义步长，也就是每过 step 数量的元素，就抽取一个字符（如 step = 2 意味着切片会每间隔一个字符取一个）。当步长为负数时，切片将以相反的顺序遍历字符串。

要写出一个简短的 Python 一行流解决方案，需要知道的就是这些了。

代码

当给定一个字符串时，希望代码去检查这个字符串的倒序是否和原始的正序相同，以此判断它是否为回文。清单 6-2 展示了解法。

```
## 一行流
is_palindrome = lambda phrase: phrase == phrase[::-1]

## 结果
print(is_palindrome("anna"))
print(is_palindrome("kdljfasjf"))
print(is_palindrome("rats live on no evil star"))
```

清单 6-2：判断一个字符串是否为回文的一行流解决方案

它是如何工作的

这个简单的一行流解决方案不依赖任何外部库。需要定义一个 lambda 函数，它只有一个参数，即要检验的字符串；函数返回布尔值来表示这个字符序列在反转后是否和原来一样。可以使用切片（参见第 2 章）来反转这个字符串。

这一行代码的结果如下所示：

```
## 结果
print(is_palindrome("anna")) # True
print(is_palindrome("kdljfasjf")) # False
print(is_palindrome("rats live on no evil star")) # True
```

第一个和第三个字符串是回文，但第二个不是。接下来，让我们深入了解另外一个计算机科学中的常见概念：排列。

用递归阶乘函数计算排列数

本节解释了一种用单行代码来计算阶乘的简单高效的方法，可以找出一个数据集里最大可能的排列数量。

基础背景

考虑这个问题：英格兰的英超联赛有 20 支足球队，赛季结束时每支球队都有可能达到 20 个排名中的任何一个。给定这 20 支固定球队，就可以计算可能有多少种排名情况。注意，问题不是一个球队有多少种排名（答案是 20 个），而是所有球队总共有多少种排名。

图 6-2 展示了其中三种可能的排名。

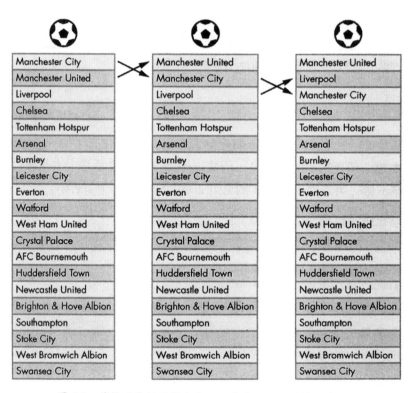

图 6-2：英格兰英超联赛中球队可能出现的三种排名情况

在计算机科学术语中，我们会把每种排名表示为一个排列，即集合元素的某种特定顺序。目标是找到一个给定集合可能的排列数量。在涉及博彩应用、比赛预测和游戏分析的程序中，排列数具有重要的意义。

例如，如果 100 种不同的排名中的每一种都有相同的初始概率，那么某个特定排名的概率就是 1/100=1%。这可以作为游戏预测算法的基础概率（先验概率）。根据这些假设，在一个赛季后，随机猜测的一种排名有 1% 的概率成为正确的结果。

要计算拥有 n 个元素的集合的排列数，可以使用阶乘函数 $n!$。接下来，你会了解到为什么这样。阶乘的定义如下所示：

$$n! = n \times (n-1) \times (n-2) \times \ldots \times 1$$

例如：

$$1! = 1$$
$$3! = 3 \times 2 \times 1 = 6$$
$$10! = 10 \times 9 \times 8 \times 7 \times 6 \times 5 \times 4 \times 3 \times 2 \times 1 = 3,628,800$$
$$20! = 20 \times 19 \times 18 \times \ldots \times 3 \times 2 \times 1 = 2,432,902,008,176,640,000$$

来看看它是怎么工作的。假设有一个由 10 个元素组成的集合 S = {s0, s1, s2, . . . , s9} 和 10 个桶 B = {b0, b1, b2, . . . , b9}。你想准确地把 S 中的一个元素放入一个桶中。在足球的例子里，这 20 个球队就是元素，而 20 个名次就是桶。为了得到 S 的一个特定排列，只需要把所有元素放到所有桶中。元素到桶的分配有许多不同的方式，不同方式的总数就是 S 中元素的排列数。

下面的算法确定了 10 个元素集合的排列数（需要被放入 10 个桶中）：

1. 取出 S 中的第一个元素，有 10 个空桶，故而有 10 种选择来放置这个元素。把一个元素放入任一桶中。

2. 现在有 1 个桶已被占用。取出 S 中的第二个元素，有 9 个空桶，故而有 9 种选择。

3. 最后，取出 S 中的第十个也就是最后一个元素。已有 9 个桶被占用，只剩下 1 个空桶，故仅有 1 个选择。

总的来说，有 $10 \times 9 \times 8 \times 7 \times 6 \times 5 \times 4 \times 3 \times 2 \times 1 = 10!$ 种选项。每个潜在的元素到桶的放置都代表了一种该元素集合的排列。因此，有 n 个元素的集合的排列数量为 $n!$。

从递归的角度来看，这个阶乘函数也可以这么定义：

$$n! = n \times (n-1)!$$

递归的边界条件可定义为：

$$1! = 0! = 1$$

这个边界条件背后的直观原理是，只有一个元素的集合只有一种排列，而拥有 0 个元素的集合也只有一种排列（只有 1 种把 0 个元素分配给 0 个桶的方式）。

代码

清单 6-3 展示的一行流代码会计算拥有 n 个元素的集合的排列数 $n!$。

```
## 数据
n= 5

## 一行流
factorial = lambda n: n * factorial(n-1) if n > 1 else 1

## 结果
print(factorial(n))
```

清单 6-3：定义阶乘函数递归算法的一行流解决方案

试着想想这行代码会输出什么。

它是如何工作的

在代码中，使用了阶乘的递归定义。让我们快速提升一下对递归的直观理解吧。史蒂芬·霍金有一个简单的解释递归的说法："要理解递归，必须先理解递归。"

《韦氏词典》（The Merriam-Webster dictionary）这样定义递归："一种计算机编程技术，涉及使用一种……函数，……它会调用自身一次或多次，直到满足一个特定的条件；此后每层调用的余下部分将从最后一层调用开始被执行，直到第一层。"这个定义的核心部分是递归函数，它可以简单地理解为一个调用自己的函数。但如果函数一直保持着自我调用，它将永不停止。

为此，需要设置一个特定的边界条件。当满足边界条件时，最后一层函数调用终止且返回结果给倒数第二层；接下来，倒数第二层函数调用也返回它的结果给倒数第三层；以此类推，就会引发连锁反应，每一层函数调用都把结果返回给上一层，直至第一层函数调用返回最终结果。这样几句简单的解释恐怕还是让人难以完全理解，一起看下面这个一行流的例子，来进行进一步讨论。

一般来说，可以用这四个步骤来创建一个递归函数 f：

1．把原始问题分解为更小的问题实例；

2．把分解后的小问题实例作为函数 f 的输入（它会将这个较小的输入进一步分解为更小的问题实例，以此类推）；

3．定义一个边界条件，它是无法继续分解的最小输入，无须进一步调用函数 f 就可以直接计算出结果；

4．把较小问题实例的解决结果应用到上层较大问题的解法中去。

创建带有一个参数 n 的 lambda 函数，并把这个 lambda 函数赋值给变量 factorial。最后，调用函数 factorial(n-1) 并用其结果来计算 factorial(n)。参数 n 的值可以是英超球队的数量（n = 20）或任何其他值，例如清单 6-3 中的值（n = 5）。

粗略地讲，可以用较简单的 factorial(n-1) 的结果乘以输入的参数 n 来构建较难的 factorial(n) 的结果。一旦程序达到递归的边界条件 n<=1 时，就直接返回硬编码的结果：factorial(1) = factorial(0) = 1。

这个算法告诉我们，如果先彻底理解问题，往往能找到一个简单、明确、有效的问题解法。在创建自己的算法时，选择最简单的解决思路，是最重要的事情之一。初学者们常常会发现自己的代码写得杂乱无章、过分复杂。

在这个例子里，阶乘的递归定义（单行的）比非递归的迭代定义（单行的）要短。可以尝试用非递归且不用外部库的方式重写这行代码来作为练习——它不至于太啰唆，但也无法如此简洁。

找到 Levenshtein 距离

本节会介绍一个计算 Levenshtein 距离的重要且实用的算法。比起前面的算法，这个算法理解起来要更复杂一些，正好可以训练自己把问题思考得更透彻。

基础背景

Levenshtein 距离是一种计算两个字符串之间距离的衡量方式；换句话说，它可以用来量化两个字符串的相似度。它也被叫作"编辑距离"（edit distance），这个名字十分贴切——将一个字符串转成另一个字符串所需的字符编辑（插入、删除或替换）次数。Levenshtein 距离越小，则字符串的相似度越高。

Levenshtein 距离在诸如智能手机的自动拼写校正功能中有重要的应用。如果在 WhatsApp messenger 中输入 helo，智能手机会检测到这个单词不在词库中，并挑选出一些大概率成为其替代词的候选单词，按照 Levenshtein 距离进行排序展示。在这个例子里，Levenshtein 距离最小的、也就是相似度最高的字符串是 hello，那么手机就会自动把 helo 校正为 hello。

来考虑这两个不那么相似的字符串：cat 和 chello。我们知道，Levenshtein 距离会计算把第一个字符串改为第二个字符串的最小编辑次数，表 6-1 展示了最小编辑的顺序：

表 6-1：把 cat 变成 chello 所需的最小编辑顺序

当前状态	修改操作
cat —	—
cht	把 a 换成 h
che	把 t 换成 e
chel	在位置 3 插入 l
chell	在位置 4 插入 l
chello	在位置 5 插入 l

如表 6-1 所示，把字符串 cat 转变为 chello 需要 5 次编辑步骤，这意味着其 Levenshtein 距离为 5。

代码

现在用 Python 一行流来计算字符串 a、b、c 相互间的 Levenshtein 距离吧（见清单 6-4）。

```
## 数据
a = "cat"
b = "chello"
c = "chess"

## 一行流
ls = ❶lambda a, b: len(b) if not a else len(a) if not b else min(
     ❷ls(a[1:], b[1:])+(a[0] != b[0]),
     ❸ls(a[1:], b)+1,
     ❹ls(a, b[1:])+1)

## 结果
print(ls(a,b))
print(ls(a,c))
print(ls(b,c))
```

清单 6-4：在一行流中计算两个字符串的 Levenshtein 距离

在运行程序之前，基于你现在所了解的，先试着计算一下它的输出结果吧。

它是如何工作的

在深入讲解代码前，先快速探讨一下这个一行流中大量使用的一个重要 Python 技巧。在 Python 中，**所有的对象都拥有一个真值，要么是 `True`，要么是 `False`**。大部分对象的真值是 `True`，而你基本上可以凭直觉猜出那些不多的 `False` 对象们：

- 数值 `0` 是 `False`。
- 空的字符串`''`是 `False`。
- 空的列表`[]`是 `False`。
- 空的集合 `set()`是 `False`。
- 空的字典`{}`是 `False`。

从经验来看，当 Python 对象是空的或零时会被认为是 `False`。据此，我们来

6 算法 **195**

看这个 Levenshtein 函数的第一个部分：创建了一个 lambda 函数，以两个字符串 a 和 b 为输入，并输出把 a 变成 b 所需的最小编辑次数❶。

有两种平凡的情形：如果字符串 a 是空的，那么最小编辑距离就是 len(b)，因为只需要把字符串 b 的每一个字符依次插入即可；同理，如果字符串 b 是空的，那么最小编辑距离就是 len(a)。也就是说，任一字符串为空时，可以直接返回这个正确的编辑距离。

现在，假设两个字符串均不为空。可以简化这个问题来计算原始字符串 a 和 b 的较短后缀之间的 Levenshtein 距离，如图 6-3 所示。

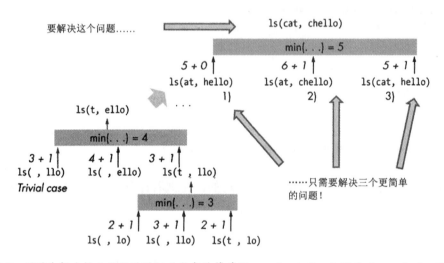

图 6-3：通过先解决较小问题的递归方式来计算单词 cat 和 chello 之间的 Levenshtein 距离

为了用递归的方式来计算字符串 cat 和 chello 之间的 Levenshtein 距离，需要先解决较简单的问题（递归）：

1. 首先，计算两个字符串的后缀 at 和 hello 的 Levenshtein 距离，因为如果你知道如何把 at 转为 hello 的话，可以通过更改第一个字符（或当两个字符串第一个字符相同的情况下保留第一个字符）很容易地把 cat 转变为 chello。假设这个字符串后缀的距离是 5，可以得出 cat 和 chello 之间的距离也是 5，因为可以重复使用完全一样的编辑顺序来做到（两个单词都以相同的字母 c 开头，所以无须编辑这个字符）。

2. 计算 at 和 chello 之间的距离。假设它们的距离为 6，可以得出 cat 和 chello 之间的距离至多是 6+1=7，因为可以简单地把第一个单词的开头字母 c 移除（一次额外的编辑操作）。此后，就可以重新使用完全同样的编辑顺序把 at 改为 chello 了。

3. 计算 cat 和 hello 之间的距离。假设它们的距离是 5，就可以得出 cat 和 chello 的距离最多为 6（5+1），因为需要在第二个单词前先插入一个字母 c（一次额外的编辑操作）。

这些是对这两个字符串的第一个字符所做的所有情形了（替换、移除、插入），所以 cat 和 chello 之间的 Levenshtein 距离就是 1、2、3 三种情形中的最小值。现在让我们来进一步探究清单 6-4 中的三种情况。

首先，用递归的方式计算 a[1:] 到 b[1:] 的编辑距离。❷如果第一个字符 a[0] 和 b[0] 不同，就用 b[0] 替换 a[0]，那么编辑距离就增加了 1。如果第一个字符相同，那么 ls(a[1:], b[1:]) 的结果就和更复杂的 ls(a, b) 的结果相同，如图 6-3 所示。

其次，用递归的方式计算 a[1:] 到 b 的编辑距离❸。如果知道这个距离的结果（从 a[1:] 到 b）——又该如何计算更进一步的 a 到 b 的距离呢？答案很简单，做一步额外的编辑操作，移除 a[0] 这个首字符即可。这样一来，就把较复杂的问题简化成了一个相对简单些的问题。

第三，用递归的方式计算 a 到 b[1:] 的编辑距离❹。如果知道这个距离的结果（从 a 到 b[1:]），如何计算 a 到 b 的距离呢？这也很简单，可以进一步（从 a 到 b[1:] 再到 b）在 b[1:] 前面插入字符 b[0]，而这会使距离增加 1。

最后，只需取这三个结果中编辑距离的最小值（替代第一个字符、移除第一个字符、插入第一个字符）。

这个一行流解决方案再次证明了训练递归技能的重要性。递归对你来说可能不自然，但可以放心的是，在学习完很多类似的递归问题后，它就会变得自然了。

通过函数式编程计算幂集

在本节中，将要学习一个很重要的数学概念，叫作幂集，它是所有子集构成的集合。在统计学、集合论、函数式编程、概率论和算法分析中，都会用到它。

基础背景

幂集（powerset），是由给定集合 s 所有的子集构成的集合。它包含了空集{}和原集合 s，以及所有集合 s 的其他子集。下面是一些例子。

示例 1：

- 给定集合：s = {1}
- 幂集：P = {{},{1}}

示例 2：

- 给定集合：s = {1, 2}
- 幂集：P = {{},{1},{2},{1,2}}

示例 3：

- 给定集合：s = {1, 2, 3}
- 幂集：P = {{},{1},{2},{3},{1,2},{1,3},{2,3},{1,2,3}}

为了计算含有 n 个元素的集合 s 的幂集 P_n，可以使用略小的幂集 P_{n-1}，即 s 的一个拥有 n_{-1} 个元素的子集对应的幂集。假设想计算集合 s = {1, 2, 3}的幂集：

1. 把拥有 0 个元素的幂集 P_0 初始化为 P_0 = {{}}。也就是说，这是空集的幂集。它只包含空集本身。

2. 为了从具有 n-1 个元素幂集 P_{n-1} 来创建用户 n 个元素的幂集 P_n，从集合 s 中取走（任意）一个元素 x，并通过下面的步骤来把产生的子集并入更大的幂集 P_n 中去。

3. 遍历 P_{n-1} 中所有的集合 p，同时，创建一个新的由 x 和 p 的并集构成的子集，会得到一个新的临时集合 T。例如，如果 P2 = {{}, {1}, {2}, {1,2}}，

可以通过向 P_2 中所有的集合增加元素 x = 3 来得到临时集合 T= {{3}, {1,3}, {2,3}, {1,2,3}}。

4. 将这个新的临时集合 T 与幂集 P_{n-1} 合并，即可得到幂集 P_n。例如，幂集 T_3 可以通过合并临时集合 T 与幂集 P_2 来得到，即 P_3 = T 合并 P_2。

5. 回到第 2 步，直至原始集合 s 为空。

接下来的章节里会更详细地解释这个策略。

reduce()函数

但首先，需要正确理解一个重要的 Python 函数 reduce()，在一行流中会用到它。这个函数在 Python 2 中是内建函数，但因为它被用得太少，开发者们决定不再把它放入 Python 3，所以需要从 functools 库中引入它。

reduce() 函数有三个参数：function、iterable、initializer。function 参数定义了如何将 x 和 y 两个值缩减为一个值的处理方式（例如，lambda x, y: x + y）。这样，就可以反复地将 iterable（第二个参数）中的两个值缩减为一个值——直到在这个 iterable 中只剩一个值为止。initializer 参数是可选的，如果没有设置它，Python 会默认从 iterable 的第一个值开始。

举例来说，调用 reduce(lambda x, y: x + y, [0, 1, 2, 3])会发生这样的运算：(((0 + 1)+ 2)+ 3) = 6。换句话说，它首先把 x=0 和 y=1 这两个值压缩为 x + y = 0 + 1 = 1。接着，这个首次调用 lambda 函数产生的结果会被作为第二次调用的输入，即 x=1、y=2，那么这次运算的结果是 x + y = 1 + 2 = 3。最后，这第二次调用 lambda 函数产生的结果会被作为第三次调用的输入，即 x=3、y=3，所以这次运算的结果是 x + y = 3 + 3 = 6。

在上面这个例子里，x 这个值总是被赋值为前一次（lambda 函数）function 被调用的结果。参数 x 发挥着一个累计值的作用，而参数 y 则是从 iterable 迭代更新出来的值。这就是 reduce() 的预期行为：迭代地把 iterable 中的值缩减为仅剩一个。可选的第三个参数 initializer 指定了 x 的初始输入。可以利用它的这种行为，定义一个**序列聚合器**，如清单 6-5 所示。

列表的算术运算

在进入一行流之前,需要理解另外两个列表操作。第一个是列表连接操作 +,它将两个列表拼接在一起。例如表达式[1, 2] + [3, 4]会得到新的列表[1, 2, 3, 4]。第二个是合并操作符|,它对两个集合进行简单的合并运算。例如表达式{1, 2} | {3, 4}的结果是一个新的集合{1, 2, 3, 4}。

代码

清单 6-5 提供了计算给定集合 s 的幂集的一行流解决方案。

```
# 依赖
from functools import reduce

# 数据
s = {1, 2, 3}

# 一行流
ps = lambda s: reduce(lambda P, x: ❶P + [subset | {x} for subset in P], s, ❷[set()])

# 结果
print(ps(s))
```

清单 6-5:计算给定集合 s 的幂集的一行流解决方案

猜猜这段代码的输出结果是什么!

它是如何工作的

这行代码的思路是,让幂集从空集开始❷,不断往其中添加子集❶,直到再也找不到任何子集。

最初,这个幂集只包含空集。在每一步中,从集合 s 中抽取一个元素 x,通过把 x 合并到所有已在幂集中的子集中❷,来自然生成新的子集。所以,就像本节刚开始提到过的,每次从集合 s 中抽取一个元素 x 后,这个幂集的大小就会变成原来的两倍。用这样的方式,就可以利用一个集合元素(但一次增加 n 个子集)来做到每次往幂集中增加 n 个子集来扩大这个幂集。注意，幂集的增长是指数式的：任何一个新的集合元素 x，都能将幂集的大小翻倍。这是幂集的固有属性：它们能够很快地撑满任何存储空间——甚至是只有几十个元素、相对较小的集合。

可以用 reduce() 函数在变量 P（最初只包含空集）中维护当前的幂集。reduce() 函数通过列表解析创造了新的子集——每一个存在的子集——并且把它们添加到幂集 P 中去。特别是，它会把集合元素 x 放入每个子集，从而使幂集的大小翻倍（包含了含有 x 的子集和不含有元素 x 的子集）。通过这个方式，reduce() 函数反复地"合并"两个元素：幂集 P 和从集合中取的元素 x。因此，该一行流的运行结果如下所示：

```
# 结果
print(ps(s))
# [set(), {1}, {2}, {1, 2}, {3}, {1, 3}, {2, 3}, {1, 2, 3}]
```

这一行代码非常好地体现了深刻理解 lambda 函数、列表解析、集合运算是多么重要。

用高级索引和列表解析来实现恺撒密码的加密

在本节中，你将要学习一种古老的加密技术，叫作恺撒密码，恺撒大帝用它来混淆自己的私人对话。不幸的是，恺撒密码破解起来过于简单，以至于无法真正起到保护的作用；但它依旧可以用于让论坛内容变得有趣和混淆，让那些新手读者们无法理解。

基础背景

恺撒密码的主要思路是，把字母在字母表中移动一定位数，来进行加密。我们来看一个恺撒密码的特例：ROT13 算法。

ROT13 算法是一种简单的加密算法，很多论坛（如 Reddit）会用它来阻止捣乱者或向新手隐藏一些对话的语义。ROT13 算法也很容易被解密——就算攻击者不知道加密时移动了多少位数，仍可对加密文本中字母的分布进行概率分析来完成破解。

所以，千万别指望这个算法来保护信息！不过，ROT13 算法还是有很多轻量应用的：

- 在论坛帖子里把题目答案打码。
- 为电影或图书可能的剧透打码。
- 讽刺其他很弱的加密算法："56 位 DES 至少比 ROT13 强吧。"
- 混淆网站上的电子邮件地址，就可以对抗 99.999% 的垃圾邮件机器人了。

所以，与其说 ROT13 是一种严肃的密码，更不如说它是网络文化中流传甚广的烂梗和一种教学工具。

这个算法用一句话就解释清楚了：ROT13 = 把要加密的字符串在 26 个字母的字母表中移动 13 位（以 26 为模）（见图 6-4）。

图 6-4：展示了在 ROT13 算法中字母表中的每个字母是如何被加密和解密的

换句话说，只需要把每个字母在字母表中移动 13 位。当移到最后一个字母 z 了，就从开头的 a 开始移动。

代码

清单 6-6 用一行代码实现了用 ROT13 算法来加密字符串 s。

```
## 数据
abc = "abcdefghijklmnopqrstuvwxyz"
s = "xthexrussiansxarexcoming"

## 一行流
rt13 = lambda x: "".join([abc[(abc.find(c) + 13) % 26] for c in x])

## 结果
```

```
print(rt13(s))
print(rt13(rt13(s)))
```

清单 6-6：用 ROT13 算法来加密字符串 s 的一行流解决方案

用图 6-4 来破解这行代码，它的输出结果是什么？

它是如何工作的

一行流解决方案把每个字母在字母表（存在 abc 中）中向右移动了 13 位来加密，然后创建一个由这些加密后的字符所组成的列表，把这些列表元素连接起来后，就得到了加密后的短语 x。

让我们来快速看一眼怎么加密每个字符。需要用到列表解析（见第 2 章），把列表中每个字符 c 替换为在字母表中向右数 13 位的字符，然后创建加密后字符的列表。这里面很关键的一点是，对于字母表中索引 index >=13 的字母来说，不要一脚射出边界。比如说，字母 z 的索引是 25，移动 13 位后，会得到索引 25 + 13 = 38，而这不是字母表中有效的索引。为了解决这个问题，需要用到模的运算，当位移超过了字母 z 所在的最大索引 25 时，要重新从 index == 0（字母 a）的地方开始计算加密字符的最终位置。然后，继续往右位移来利用在此前尚未被用到的 13 个位置（见图 6-5）。例如，字符 z 被移位 13 个位置后到了索引 38 模 26（在 Python 中编码为：38%26）为索引 12，即字母 m。

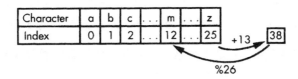

图 6-5：通过从索引 0 重新开始的处理来防止移动超出范围，结果就是以下位移序列：25 > 0 > 1 > ... > 12

这是代码的关键部分，它显示了每个字符 c 是如何被移动 13 位的：

```
abc[(abc.find(c) + 13) % 26]
```

首先，得到字符 c 在字母表 abc 中的索引。然后，运用模 26 技巧（如前几段所述），把整数 13 加到字符 c 的索引上，来移动索引。

一行流代码的结果如下所示：

```
## 结果
print(rt13(s))
# kgurkehffvnafknerkpbzvat
print(rt13(rt13(s)))
# xthexrussiansxarexcoming
```

至此，便已经学完了恺撒密码的一种特别的变体：ROT13 算法，它做的就是把字母在字母表中移动 13 位。这样的移动进行两次，即 13+13 = 26 个索引的位移，又得到了原来的字符，这意味着可以用一样的算法来加密和解密。

用 Eratosthenes 筛法找出素数

找到素数在诸如密码学等实际应用中至关重要。很多公钥的算法之所以称得上安全（从密码学的角度来看），是因为要计算大数的质因数通常非常低效和缓慢。我们将要写的一行流，会使用一种古老的算法来把一个范围里所有的素数找出来。

基础背景

素数 n 是一个整数，除 1 和 n 之外，它无法被其他任何整数整除。换句话说，对于一个素数来说，不存在两个整数 $a>1$ 和 $b>1$ 的乘积等于这个素数 $ab=n$。

假设想确认给定的数 n 是否为素数。先用一个朴素的算法来试试（见清单 6-7）。

```
def prime(n):
    ❶for i in range(2,n):
        ❷if n % i == 0: return False
    return True

print(prime(10))
# False

print(prime(11))
```

```
# True

print(prime(7919))
# True
```

清单 6-7：检查给定数 n 是否为素数的朴素实现

这个算法检查了 n 是否可以被 2 和 n-1 之间❶的数整除❷。例如，当确定 n=10 是否为素数时，算法很快发现表达式 `n % i == 0` 在 i=2 时结果为 True，即这个 i 可以整除 n，所以 n 不可能是一个素数。在这个例子里，算法会终止后续的计算并返回 False。

检查单个数字的时间复杂度与输入 n 相同，在最坏的情况下，这个算法需要 n 次循环来检查数字 n 是否为素数。

假设要计算出 2 到某个上限 m 之间所有的素数。可以简单地把清单 6-7 中的素数检测代码重复运行 m-1 次（见清单 6-8）。但这需要付出巨大的运算成本。

```
# 找出所有 <= m 的素数
m = 20
primes = [n for n in range(2,m+1) if prime(n)]

print(primes)
# [2, 3, 5, 7, 11, 13, 17, 19]
```

清单 6-8：找出所有比 m 小的素数

这里使用列表解析（见第 2 章）来创建一个用于存储比 m 小的素数的列表。引入一个 for 循环，意味着这个算法会需要调用 m 次 is_prime(n) 函数，所以它的时间复杂度可以高达 m**2。运算的次数随着输入 m 呈二次方增长。为了找到所有比 m=100 小的素数，需要多达 m**2 = 10000 次运算！

现在，仅用一行代码来大幅降低所需的运算成本吧。

代码

在这个一行流中，我们将实现一个比朴素版本高效得多的算法，来找出所有小于整数 m 的素数。清单 6-9 中的这行代码的灵感来自一个古老的算法，Eratosthenes 筛法，接下来再解释它。

```
## 依赖
from functools import reduce

## 数据
n=100

## 一行流
primes = reduce(lambda r, x: r - set(range(x**2, n, x)) if x in r else r,
                range(2, int(n**0.5) + 1), set(range(2, n)))
## 结果
print(primes)
# {2, 3, 5, 7, 11, 13, 17, 19, 23, 29, 31, 37, 41, 43,
#  47, 53, 59, 61, 67, 71, 73, 79, 83, 89, 97}
```

清单 6-9：实现 Eratosthenes 筛法的一行流解决方案

可能需要一些额外的背景知识来理解代码中发生了什么。

它是如何工作的

说实话，我其实犹豫过是否要把这个一行流写进书里，因为它令人困扰，很复杂，也很难读懂。不过，这终究是我们在实践中会需要面对的代码类型，我能保证的是，就算需要点时间，通过这本书，你一定能够理解每一行代码。我在 StackOverflow 上偶然发现了这个一行流版本。它大致上是基于一个设计用来计算素数的古老算法，叫作 Eratosthenes 筛法。

> **注意**
>
> 为了更清晰，我修改了 StackOverflow 上原始的那个一行流。在写作本书时，原始的代码可以在网站（网址见链接列表 6.2 条目）上找到。

Eratosthenes 筛法算法

这个算法（从概念上）创建了一个巨大的数组，从 2 到最大整数 m。所有数组中的数都被作为素数的候选，也就是说算法认为它们都有可能是素数（但不一定）。

在算法中，我们筛掉那些不是素数的候选者，经过这个过滤后剩下的那些就是最终的素数们。

为了达到这个目的，算法计算并标记出数组中那些不是素数的数字。最后，所有没有标记的数字就是素数了。

这个算法会重复以下步骤：

1. 从第一个数字 2 开始，在每一步里递增，直到找到一个数 x。如果 x 没有被标记过，就知道它是素数；因为 x 没有标记，就意味着没有比 x 小的数能够整除 x 了，这对应了素数的定义。

2. 标记所有 x 的倍数，它们必然不是素数，因为 x 一定能整除这些数。

3. 执行简单的优化：从 x × x 开始而不是从 2x 开始，来标记倍数，因为所有 2x 和 x × x 之间的倍数们都已经被标记过了。这里有个简单的数学论证，稍后来介绍。现在，只需知道可以从 x × x 开始标记。

图 6-6 到图 6-11 展示了算法的每一步。

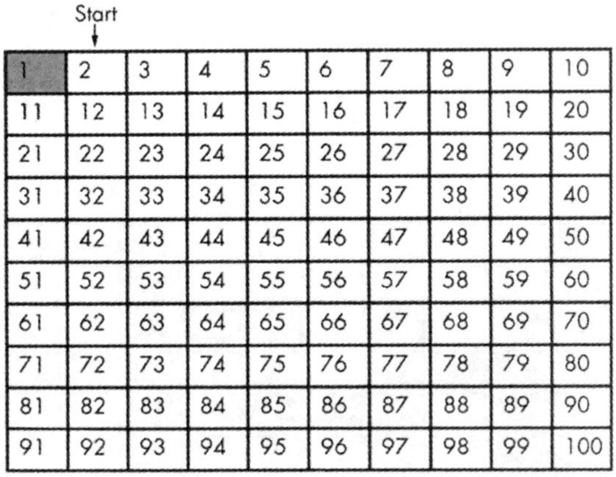

1	2	3	4	5	6	7	8	9	10
11	12	13	14	15	16	17	18	19	20
21	22	23	24	25	26	27	28	29	30
31	32	33	34	35	36	37	38	39	40
41	42	43	44	45	46	47	48	49	50
51	52	53	54	55	56	57	58	59	60
61	62	63	64	65	66	67	68	69	70
71	72	73	74	75	76	77	78	79	80
81	82	83	84	85	86	87	88	89	90
91	92	93	94	95	96	97	98	99	100

图 6-6：初始化 Eratosthenes 筛法算法

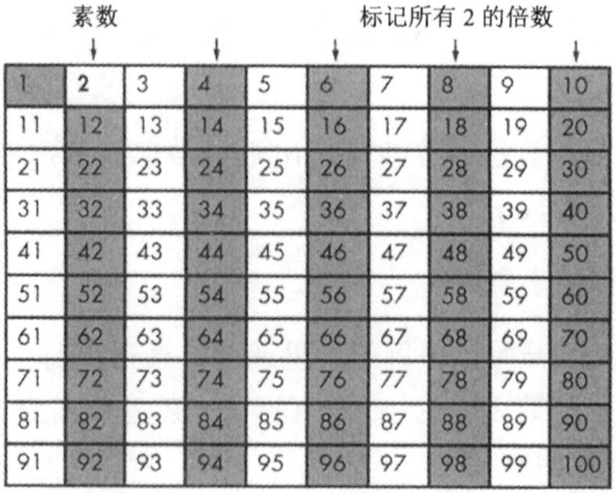

图 6-7：标记所有 2 的倍数，因为它们肯定不是素数了。
在接下来的算法中，忽略这些被标记过的数字

初始状态下，所有 2 和 *m*=100 之间的数字都没有被标记过（白色单元格）。第一个未标记的数字 2 是一个素数。

递增到下一个未被标记的数字 3。此时它未被标记，所以是一个素数。因为我们已经标记了所有比当前的 3 小的数字的倍数，所以没有更小的数字可以整除 3 了。根据定义，3 一定是素数。接下来，标记所有 3 的倍数，因为它们肯定不是素数。可以从 3 × 3 开始标记，因为在 3 和 3 × 3 = 9 之前的所有 3 的倍数都已经被标记过了。

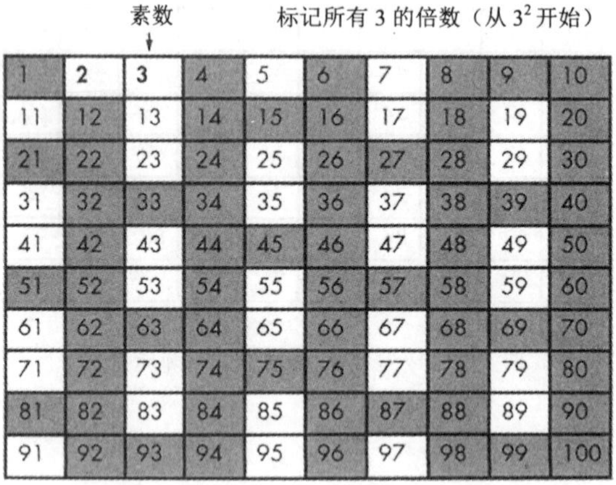

图 6-8：标记所有 3 的倍数为"非素数"

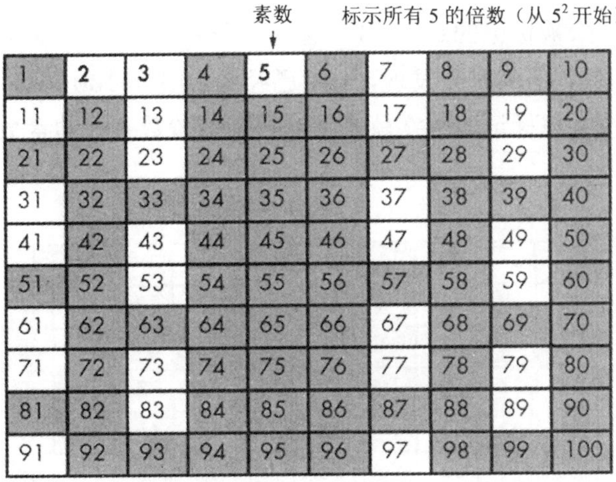

图 6-9：标记所有 5 的倍数为"非素数"

遍历到下一个未被标记的数字 5（这是一个素数）。从 5 × 5 开始标记所有 5 的倍数，因为在 5 和 5 × 5 = 25 之间的 5 的倍数都已经被标记过了。

递增到下一个未被标记的数字 7（这是一个素数）。从 7 × 7 开始标记所有 7 的倍数，因为在 7 和 7 × 7 = 49 之间的 7 的倍数都已经被标记过了。

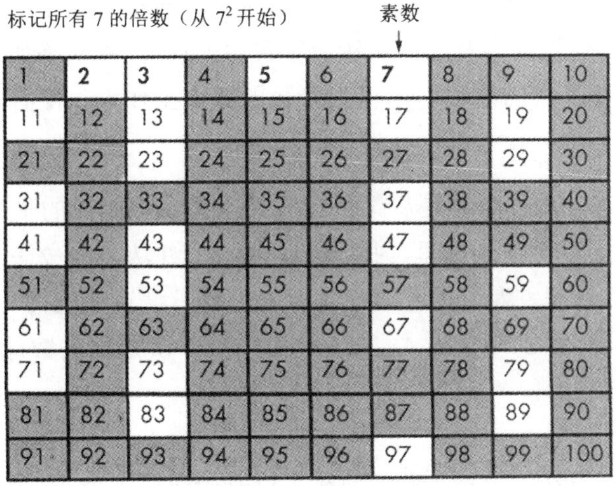

图 6-10：标记所有 7 的倍数为"非素数"

递增到下一个未被标记的数字 11（这是一个素数）。本将从 11 × 11=121 开始标记所有 11 的倍数，但此时会发现，121 已经比上限 m=100 还大了。这使得算法终止，所有剩下的没有被标记的数字就是无法被其他整数整除的素数了。

标记所有 11 的倍数（从 11^2 开始）→完成

素数 →

1	2	3	4	5	6	7	8	9	10
11	12	13	14	15	16	17	18	19	20
21	22	23	24	25	26	27	28	29	30
31	32	33	34	35	36	37	38	39	40
41	42	43	44	45	46	47	48	49	50
51	52	53	54	55	56	57	58	59	60
61	62	63	64	65	66	67	68	69	70
71	72	73	74	75	76	77	78	79	80
81	82	83	84	85	86	87	88	89	90
91	92	93	94	95	96	97	98	99	100

图 6-11：标记所有 11 的倍数为"非素数"

Eratosthenes 筛法比之前的朴素版本要高效得多，因为朴素版里会独立地检查每个数字，而忽略了已经进行过的计算。但是 Eratosthenes 筛法不同，它使用到了前面的计算步骤——这是许多算法优化领域里常用的理念。每次筛掉某个素数的倍数们，实质上就省去了检查它的倍数们是否为素数的冗余工作——我们已经知道它们不是素数了。

你可能在疑惑，为什么不是从某素数开始而是从该素数的平方开始标记倍数，例如在图 6-10 所示的算法步骤里，找到了素数 7，并从 7 × 7 = 49 开始标记。原因是，在之前的步骤里，为了找出 2、3、4、5、6 这些比 7 小的数的倍数时，已经把 7 × 2、7 × 3、7 × 4、7 × 5、7 × 6 这些倍数标记出来了。

一行流的解释

在透彻理解了算法的思路之后，现在可以开始研究这个一行流解决方案了：

```
## 一行流
primes = reduce(lambda r, x: r - set(range(x**2, n, x)) if x in r else r,
                range(2, int(n**0.5) + 1), set(range(2, n)))
```

这行代码用到了 reduce() 函数，一步一步地从初始的 2 到 n 的集合（对应的代码为 set(range(2, n))）里移除所有被标记了的数字。

把 2 到 n 的整数集合作为未标记整数的集合 r 的初始值，因为一开始，所有的值都未被标记。现在，这行代码会遍历所有 2 到 n 的平方根之间的所有整数 x（在一行流中对应的代码为 range(2, int(n**0.5) + 1)），并从集合 r 中移除 x 的所有倍数（从 x**2 开始）——但仅当 x 是素数时。我们知道它确实是，因为此时它仍然在 r 中，没有被移除。

用 5~15 分钟时间重读这些解释，仔细研究一下这行代码的不同之处。我保证你会发现这个练习很有意义，因为它能够显著提升你对 Python 代码的理解能力。

用 reduce() 函数计算 Fibonacci 数列

著名的意大利数学家 Fibonacci（原名为 Leonardo of Pisa）在 1202 年提出了 Fibonacci 数列，他发表的令人惊讶的观察结果显示，这些数在数学、艺术、生物等领域都展现出重要的意义。本节将展示如何仅用一行代码计算 Fibonacci 数列。

基础背景

Fibonacci 数列从 0 和 1 开始，后面的每一项数字都是前面两项数字之和。Fibonacci 数列可以说自带算法！

代码

清单 6-10 计算了以 0 和 1 开始的 Fibonacci 数列的前 n 个数。

```
# 依赖
from functools import reduce
```

```
# 数据
n = 10

# 一行流
fibs = reduce(lambda x, _: x + [x[-2] + x[-1]], [0] * (n-2), [0, 1])

# 结果
print(fibs)
```

清单 6-10：用一行流计算 Fibonacci 数列

研究这行代码并猜测一下它的输出。

它是如何工作的

你会再次用到强大的 `reduce()` 函数。一般情况下，当对实时计算生成的状态信息进行聚合时，这个函数就会很有用，例如用刚刚算出的两个 Fibonacci 数来计算下一个数时。这用列表解析（见第 2 章）很难实现，因为它一般不能访问在列表解析中刚创建出的值。

使用包含三个参数的 `reduce()` 函数，也就是 `reduce(function, iterable, initializer)` 的形式，它会不断计算出新的 Fibonacci 数并加入聚合器对象，参数中的 `iterable` 对象的长度会控制聚合器对象加入 Fibonacci 数的次数。

在这里，用一个简单的列表 `[0, 1]` 来作为聚合器对象，列表中包含两个 Fibonacci 数列的初始值。注意，此处的聚合器对象会被作为第一个参数传给 `function` 对象（在例子中就是 `x`）。

传入 `function` 的第二个参数是 `iterable` 中的下一个元素。然而，用 (n-2) 个虚值填充的 `iterable`，唯一的意义仅仅是强制 `reduce()` 函数运行 (n-2) 次（目标是找出前 n 个 Fibonacci 数，而已经拿到前两个了：0 和 1）。使用丢弃的参数 _ 来表示对传入的 `iterable` 虚值不感兴趣，然后把前两个 Fibonacci 数之和作为新的 Fibonacci 数，添加到聚合器列表 `x` 中。

一个多行解决方案

清单 6-10 中的一行流展示了重复求两个 Fibonacci 数之和的简单思路。清单 6-11 则给出了一个漂亮的替代方案。

```
n = 10
x = [0,1]
fibs = x[0:2] + [x.append(x[-1] + x[-2]) or x[-1] for i in range(n-2)]
print(fibs)
# [0, 1, 1, 2, 3, 5, 8, 13, 21, 34]
```

清单 6-11：用迭代思路来计算 Fibonacci 数的多行解决方案

这段代码是由我的一位邮件订阅者贡献的（欢迎加入我们：网址见链接列表 6.3 条目），它用到了列表解析的副作用：变量 x 会随着新的 Fibonacci 数加入被更新 n-2 次。注意，append() 函数没有返回值，而是返回 None。这个列表解析语句想要返回一个整数列表而不是一堆 None，怎么办呢？考虑到 None 的真值为 False，于是用了这样的思路：

```
print(0 or 10)
# 10
```

在两个整数上进行 or 运算看似不对，但不要忘记，布尔类型是基于整数类型的。除 0 以外所有的整数值都被解析为 True。而这里的 or 运算正是使用了第二个整数的值作为返回值，而不是先把它转变为一个明确的布尔值 True。多么巧妙的一段 Python 代码啊！

小结一下，你已经对另一种用于 Python 一行流的重要模式有了更多的理解：使用 reduce() 函数来创建一个列表，这个列表能动态地使用刚更新或增加的列表元素来计算新的列表元素。你将会发现，在实践中这是一个非常有用的模式。

一种递归的二分查找算法

本节介绍一种每个计算机科学家都必须知道的基础算法：二分查找算法。二分查找在许多基本数据结构的实现中都有重要应用，如集合、树、字典、哈希集合、哈希表、映射表和数组等。在每个有实际意义的程序里都会用到这些数据结构。

基础背景

简单来说，二分查找（binary search）算法是一种在有序序列 l 中找出某个特定值 x 的搜索算法，它会不断地减半被查找序列的长度，直到序列中只剩一个值为止，要么这剩下的值就是要找的特定值，要么这个序列中不存在要找的特定值。接下来，我们就来仔细地了解一下。

例如，在一个有序列表中查找 56 这个值。朴素版本的算法会从列表的第一个元素开始，检查是否等于 56，然后检查列表中的下一个元素，直到检查完所有的列表元素或直到找出了 56 这个值。在最差的情况下，算法需要遍历所有的列表元素。一个包含 10 000 元素的有序列表，要检查每个元素是否等于查找的值，就会需要接近 10 000 次运算。用算法理论的话来说，它的算法复杂度与列表元素的数量是线性关系。这个算法没有充分利用所有可用的信息来达到最高效率。

第一个可用的信息是，这个列表是有序的！利用这一点，可以创建一个算法，只需触及列表中一部分的元素，就可以十分肯定地得知要找的元素是否存在于该列表了。二分查找算法只需要遍历 $log2(n)$（以 2 为基数的对数）个元素。在同样的 10 000 个元素的列表中查找，只需要 $log2(10\,000) < 14$ 次运算！

对二分查找来说，假设这个列表是升序的。那么算法从列表中间的元素开始查找。如果中间元素的值比要查找的值大，就能知道从中间这个元素开始到列表的最后一个元素，都比要查找的值大。那么，要查找的值一定不在列表的后半段，可以通过一个操作立刻丢弃后半段的列表元素。

同样，如果要查找的元素比中间元素大，就可以直接丢弃列表前半段的元素了。然后，只需要在算法的每一步里简单地重复这个减半待查列表长度的过程即可。图 6-12 展示了一个直观的例子。

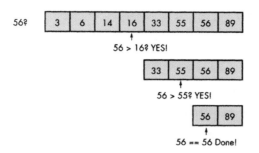

图 6-12：二分查找算法的运行示例

如果子列表的元素数量是偶数，那就没有明显的中间元素。在这种情况下，需要对中间元素索引向下取整。

假设要在拥有 8 个整数的有序列表中，在尽可能少地触及元素的前提下，找出 56 这个数。二分查找算法检查中间元素 x（向下取整），丢弃不可能存在 56 的那一半列表。一般有三种结果：

- 元素 x 比 56 大，算法忽略列表的右半部分。
- 元素 x 比 56 小，算法忽略列表的左半部分。
- 元素 x 等于 56，如图 6-12 所示的最后一行。那么恭喜你找到了想要的那个数！

清单 6-12 展示了一种二分查找算法的实现方式。

```python
def binary_search(lst, value):
    lo, hi = 0, len(lst)-1
    while lo <= hi:
        mid = (lo + hi) // 2
        if lst[mid] < value:
            lo = mid + 1
        elif value < lst[mid]:
            hi = mid - 1
        else:
            return mid
    return -1

l = [3, 6, 14, 16, 33, 55, 56, 89]
x = 56
```

```
print(binary_search(l,x))
# 6 (最终找到的元素索引)
```

清单 6-12：二分查找算法

这个算法有两个参数，一个是列表，一个是需要查找的值。然后，它用 `lo` 和 `hi` 这两个变量来反复地将查找空间减半，它们确定了被查找值可能存在的列表区间：`lo` 是起始索引，而 `hi` 是区间的结束索引。检查中间元素属于哪种情况，并通过修改 `lo` 和 `hi` 的值来调整待查的区间范围。

这当然是一个完全正确、可读性强、还很高效的二分查找算法的实现方式，但它暂时还不是一行流！

代码

现在，让我们只用一行代码来实现二分查找算法（见清单 6-13）！

```
## 数据
l = [3, 6, 14, 16, 33, 55, 56, 89]
x = 33

## 一行流
❶bs = lambda l, x, lo, hi: -1 if lo>hi else \
    ❷(lo+hi)//2 if l[(lo+hi)//2] == x else \
    ❸bs(l, x, lo, (lo+hi)//2-1) if l[(lo+hi)//2] > x else \
    ❹bs(l, x, (lo+hi)//2+1, hi)

## The Results
print(bs(l, x, 0, len(l)-1))
```

清单 6-13：一行流实现的二分查找算法

猜猜这段代码的输出结果！

它是如何工作的

因为二分查找很自然地适用于递归，所以学习这个一行流可以加强你对这一重要的计算机科学概念的直观理解。注意，为了便于阅读，我把这一行流解决方案分成了 4 行来写，但你完全可以把它们全部写在一行里。在这个一行流中，我用了递归的方式来定义二分查找算法。

用 lambda 来创建一个新的函数 bs，有 4 个参数：l、x、lo 和 hi❶。前两个参数 l 和 x 分别表示有序列表和要查找的值。后两个参数 lo 和 hi 是当前被查找子列表的最小索引和最大索引。在每一层递归中，代码会检查由 hi 和 lo 指定的子列表，通过增加索引 lo 和减小索引 hi 的值，这个子列表会变得越来越小。在有限的步骤之后，lo > hi 为真，待查子列表为空，并且没有找到 x，这是递归的边界条件。因为你还没有找到元素 x，所以返回 -1 来表示列表中并不存在这个元素。

可以用 (lo+hi)//2 来找出子列表的中间元素。如果它正好是要查找的值，直接返回这个中间元素的索引❷。注意，要用整数除法向下取整的结果，才能作为列表的索引值。

如果中间元素比要查找的值大，这意味着列表右侧的元素都偏大，所以可以调整索引 hi，以便递归地调用函数时只考虑列表中间元素左侧的元素❸。

同样，如果中间元素比要查找的值小，就没必要查找所有在中间值左边的元素了，所以可以调整索引 lo，以便递归地调用函数时只考虑列表中间元素右侧的元素❹。

若在列表[3, 6, 14, 16, 33, 55, 56, 89]中查找 33，则结果是索引 4。

这一节加强了你对条件执行、基本关键字和算术运算等方面代码的初步理解，还有对程序化序列索引（programmatic sequence indexing）这一重要主题的理解。更重要的是，已经学到了如何用递归来使复杂的问题变得简单。

递归快速排序算法

现在要用一行流来实现这个众所周知的算法：快速排序。顾名思义，它是一种排序算法，可以迅速地排序数据。

基础背景

快排在代码面试（如 Google、Facebook、Amazon）和实践中都是很常见的一个问题。这种算法快速、简洁、可读性强。正是由于它的优雅，大多数算法入门课都会涵盖快排的内容。

快排通过递归的方式把大问题化解为较小的问题，并将较小问题的结果以某种方式组合起来，以解决那个大问题。

为了解决每个较小的问题，可以递归地用相同的策略：把较小问题进一步分解为更小的子问题，然后单独解决，再整合——这使得快排算法属于**分治算法**（Divide and Conquer）的范畴。

快排算法首先会选择一个**基准元素**（pivot），然后把所有比基准元素大的元素放到右边、所有比基准元素小的放到左边。这样就把列表排序这个大问题变成了两个较小的子问题：对两个较小的列表进行排序。之后，递归地重复这个过程，直到得到一个元素为零的（显然已排序的）列表，以终止递归。

图 6-13 展示了快排算法的运行情况。

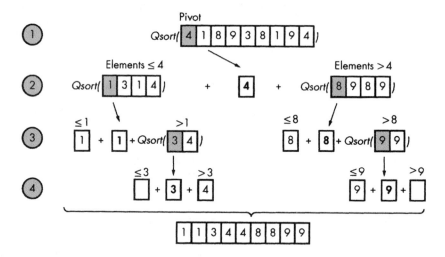

图 6-13：快排算法的运行示例

图 6-13 展示了快排算法是如何完成对整数列表[4, 1, 8, 9, 3, 8, 1, 9, 4]排序的。首先它选择 4 作为基准元素，原列表于是就被分成了一个拥有所有小于等于基准元素的子列表[1, 3, 1, 4]，和另一个拥有所有大于基准元素的子列表[8, 9, 8, 9]。

接下来，快排算法会被递归地调用，来对这两个未排序的子列表进行排序。只要子列表中最多只包含一个元素了，那么这个子列表按照定义就已经完成了排序，这一层递归也就结束了。

在每一层递归中，这三个子列表（左边，基准，右边）会被连接在一起，然后把连起来的列表传递给更高层级的递归。

代码

创建一个函数 q 来实现快排算法，其中只会用到一行 Python 代码。它可以对任何一个以参数方式传入的整数列表进行排序。见清单 6-14。

```
## 数据
unsorted = [33, 2, 3, 45, 6, 54, 33]

## 一行流
q = lambda l: q([x for x in l[1:] if x <= l[0]]) + [l[0]] + q([x for x in l if x > l[0]]) if l else []

## 结果
print(q(unsorted))
```

清单 6-14：递归快排算法的一行流解决方案

现在，最后一次了，猜猜这段代码的输出结果是什么？

它是如何工作的

这个一行流很像我们刚刚讨论过的算法。首先，创建一个新的 lambda 函数 q，它有一个参数 l 代表将被排序的列表。离远一点看，会发现这个 lambda 函数的基本结构如下所示：

```
lambda l: q(left) + pivot + q(right) if l else []
```

在这个递归的边界条件下——也就是列表为空的情况，显然是完成了排序的——lambda 函数返回空列表[]。

在任何其他情况下，这个函数会选择列表 l 的第一个元素作为基准元素，并根据所有其他元素和基准元素的大小比较，来把它们分到左右两个子列表里去。要达到这个目的，使用简单的列表解析（见第 2 章）即可。因为这两个子列表并不一定完成了排序，需要在它们上面递归地执行快排算法。最终，把这三个列表合并起来，并返回这个排完序的列表。因此，结果如下所示：

```
## 结果
print(q(unsorted))
# [2, 3, 6, 33, 33, 45, 54]
```

总结

在这一章中，你已经学到了计算机科学领域非常重要的一些算法，这些算法涉及广泛的主题，包括异形词、回文、幂集、阶乘、素数、Fibonacci 数列、混淆、查找和排序。其中许多内容构成了更高级算法的基础，是开始全面系统的算法学习前的良好指引。推进对算法和算法理论的理解，是提高程序员水平最有效的方法之一。我甚至认为，缺乏对算法的理解是大多数中级程序员感到学习进度受阻的首要原因。

为了帮大家解答疑惑和持续进步，我会定期在我的"Coffee Break Python"系列邮件中解释新的算法。很感谢你用宝贵的时间和精力来学习所有的一行流代码及其解释，希望你已经看到自己的技能有所进步。基于我教过的数千名 Python 学生的经验来看，有超过一半的中级程序员在理解 Python 一行流时很吃力；但只要有决心和毅力，一定有机会超越中级程序员，成为 Python 高手（或至少成为前 10% 的程序员）。

后　　记

恭喜！你已经完成了整本书的学习，并且掌握了 Python 一行流的技术，这只有很少人能做到。你已经为自己打下了坚实的基础，这将帮助你突破 Python 编程技能的天花板。通过认真学习所有这些 Python 一行流，你将能够征服未来见到的任何一行 Python 代码。

不过就跟任何超能力一样，必须明智地使用它。滥用一行流是会损害代码项目的。在本书中，我将所有的算法压缩成单独一行代码，是为了把你的代码理解能力推向一个新的高度。但你应该小心，不要在实际项目中过度使用这个技能。别为了炫耀一行流超能力，硬要把所有东西都塞到一行代码中。

恰恰相反，为什么不使用这一能力，把那些现存项目中超级复杂的单行代码分解开来，让它们更加易读呢？就像超人会使用他的超能力来帮助普通人，让他们过上舒适的生活，你也可以帮助普通的程序员，让他们的编程生活更加轻松。

这本书主要的承诺是让你成为 Python 一行流高手。如果你觉得本书在实现这一承诺上干得还不错，请在你最喜欢的图书市场（如亚马逊）上给本书投上一票，帮助别人发现它。如果在本书中遇到任何问题，或者希望提供其他积极或消极的反馈，可以在 chris@finxter.com 给我留言。很希望在未来的版本中考虑到你的反馈意见，不断改进本书，因此我会向任何发来建设性反馈意见的读者赠送一本我的《Python

咖啡时间：切片》（*Coffee Break Python Slicing*）电子书。

最后，如果你想不断提高自己的 Python 技能，请在网站（网址见链接列表 6.3 条目）订阅我的 Python 通信，我几乎每天都会在那里发布计算机科学的新的学习内容，如 Python 小抄等，为你和其他成千上万雄心勃勃的程序爱好者提供一条清晰的成长路径，并最终掌握 Python。

现在你已经掌握了单行代码的编写，应该考虑将重点转移到更大的代码项目上。学习面向对象编程和项目管理，最重要的是，选择自己的实际代码项目，不断进行工作实战。这将保持良好的学习状态，赋予你动力，还具有很强的激励性。在真实世界中创造价值，这是最有现实意义的培训形式。就学习效率而言，没有什么能跟实践经验带来的效率相提并论。

我鼓励我的学生至少用 70%的学习时间从事实际项目的工作。如果你每天有 100 分钟用于学习，那就花 70 分钟的时间去做一个实用的代码项目吧，只需要花 30 分钟的时间去阅读图书、学习课程和教程。这似乎是显而易见的，但大多数人还是做错了，所以始终没有感觉到自己完全准备好开始实用代码项目的工作。

很高兴与你相伴这么长时间，非常感谢你在这本书上投入的时间。愿你的投资能变成一笔收益！祝愿你的编程事业一帆风顺，希望我们能再次相遇。

编程快乐！